LILUN LIXUE LIANXICE

理论力学练习册

张　娟　张烈霞　主编

班级	
学号	
姓名	

西北工業大學出版社

【内容简介】 本书是西北工业大学出版社出版的《理论力学》教材的配套练习册，是理论力学课程的学习辅导书。

本书由内容导学、同步练习、模拟题及答案四个板块组成。内容导学指出了每章的主要知识点、学习重点以及难点和考点；同步练习包括丰富的填空题、判断题、选择题及计算题；模拟试题给出了三份西北工业大学考试模拟题，以便学生检验知识学习情况；书后附有同步练习及模拟题的答案。

本书既可作为高等院校、远程教育相关专业本、专科学生理论力学课程的学习辅导书和课外自学参考书，也可作为教师参考书，或作为理论力学题库一部分使用，还可作为力学、机械、航空、航天、航海、材料、土建、电子等相关专业工程技术人员的自学参考书。

图书在版编目（CIP）数据

理论力学练习册/张娟，张烈霞主编. —西安：西北工业大学出版社，2016.1
ISBN 978-7-5612-4676-4

Ⅰ.①理… Ⅱ.①张…②张… Ⅲ.①理论力学—高等学校—习题集 Ⅳ.①O31-44

中国版本图书馆 CIP 数据核字（2015）第 304900 号

出版发行：西北工业大学出版社
通信地址：西安市友谊西路 127 号　　邮编：710072
电　　话：(029)88493844　88491757
网　　址：http://www.nwpup.com
印 刷 者：陕西宝石兰印务有限责任公司
开　　本：787 mm×1 092 mm　1/16
印　　张：8.125
字　　数：192 千字
版　　次：2016 年 1 月第 1 版　　2016 年 1 月第 1 次印刷
定　　价：18.00 元

前　言

理论力学是理工科大学生必修的一门专业技术基础课，理论力学的学习必须伴随大量的练习。本书是西北工业大学出版社出版的《理论力学》教材的配套练习册，可以作为理论力学多学时的配套练习。

本书由内容导学、同步练习、模拟题及答案四个板块组成。内容导学列出了每章的主要知识点、学习重点以及难点和考点，提纲挈领，以便学生在做题之前系统地回顾本章所学知识。每章都有同步练习，其中填空题、判断题和选择题，可以帮助学生加深对本章的基本概念、基本理论的理解，巩固所学知识；作图题和计算题以便学生对所学知识进行分析运用。书后附有答案。

本书特点如下：

(1)习题类型多样，既有对基本概念、公理、基本知识的考察，又有综合提高题目。因此，可以满足不同层次学生的学习需求。另外，本书还可以作为教师出考试题的参考。

(2)本书附有三套西北工业大学理论力学考试模拟题，分别对应中少学时和多学时，以便学生进行自我检测。本书配有这三套模拟题的详细解答，学生可参考答案学习计算题的解题方法和解题步骤。

(3)本书适合多种学时教学需要，教师可根据学时安排，灵活选择学生要做的题目。

本书是为高等院校理论力学课程所编的辅导书，可以作为学生课后习题册，也可作为力学、机械、航空、航天、航海、材料、电子等相关专业工程技术人员的自学参考书。

本书由西北工业大学网络教育学院组织策划，由西北工业大学张娟和陕西理工大学张烈霞编写。书中内容延续了西北工业大学理论力学教材的传统特色，章节安排和《理论力学》基本一致。

在本书编写过程中，得到了西北工业大学力学与土木建筑学院各位老师的关心、支持和帮助，在此一并表示感谢。本书也是在工程力学系多年积累的教学经验和教材编写经验上完成的。编写本书曾参阅了相关文献资料，在此，谨向其作者表示感谢。

由于笔者水平有限，难免存在错误或不足之处，恳请广大读者批评指正。

编　者

2015 年 3 月

目　录

第一章　静力学的基本概念和公理

内容导学

主要知识点：

(1)基本概念：刚体，力，等效力系，平衡力系，约束，约束力。

(2)静力学公理：二力平衡公理，加减平衡力系公理，力在刚体上的可传性，力的平行四边形公理，三力平衡时的汇交定理，作用与反作用公理，刚化公理。

(3)物体和物体系的受力分析及受力图的画法。

学习重点、难点和考点：

(1)约束力的方向的判断。

(2)受力分析和受力图的画法。

同步练习

一、填空题

1. 理论力学是研究物体________一般规律的科学。

2. 刚体是指在外界的任何作用下________的物体。或者说，刚体内任意两点间的距离________。

3. 力是物体相互间的________。

4. 力对物体的作用效果取决于________，力是一个________量。

5. 作用在刚体上的力可沿其作用线任意移动，而不改变力对刚体的作用效果，所以，在静力学中，力是________矢量。

6. 力对物体的作用效应一般分为________效应和________效应。

7. 若一个力可以和一个力系等效，则这个力就称为该力系的________。而该力系中的各个力就叫作这个合力的________。

8. 能使刚体维持平衡的力系称为________。

9. 仅受两个力作用而平衡的物体称为________。

10. 对非自由体的运动所预加的限制条件称为________；约束反力的方向总是与约束所能阻止的物体的运动趋势的方向________。

11. 绳缆约束施加给被约束物体的约束力只能是________，其方向必定沿________。

12. 光滑表面约束的约束力方向沿着________。

二、选择题

1. 二力平衡公理适用于(　　)。

A. 刚体　　B. 变形体　　C. 刚体和变形体

2. 作用力与反作用力定律适用于(　　)。

A. 刚体　　B. 变形体　　C. 刚体和变形体

3. 如图 1-1 所示，楔形块 A,B 自重不计，并在光滑的 m—m,n—n 平面相接触。若其上分别作用有大小相等、方向相反、作用线相同的二力 $\boldsymbol{P}$,$\boldsymbol{P}'$，则此二刚体的平衡情况是(　　)。

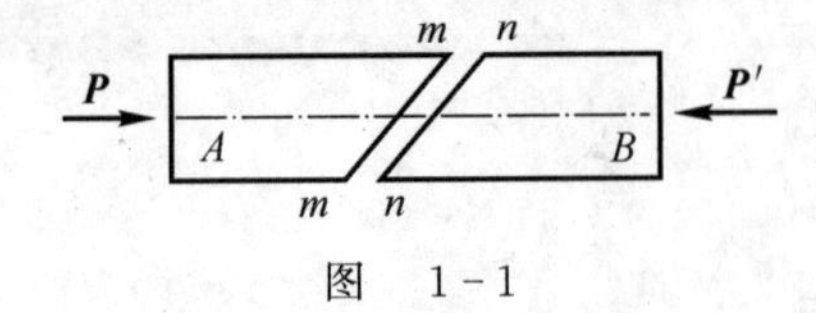

图 1-1

A. 二物体都不平衡　　B. 二物体都能平衡

C. A 平衡，B 不平衡　　D. B 平衡，A 不平衡

三、请画出下列刚体受力图(假设所有接触均为光滑，图中未标出重量的物体自重均不考虑。可以应用二力平衡及三力汇交确定力线的，按确定力线画出受力图。)

1. 画出图 1-2 所示各球的受力图。

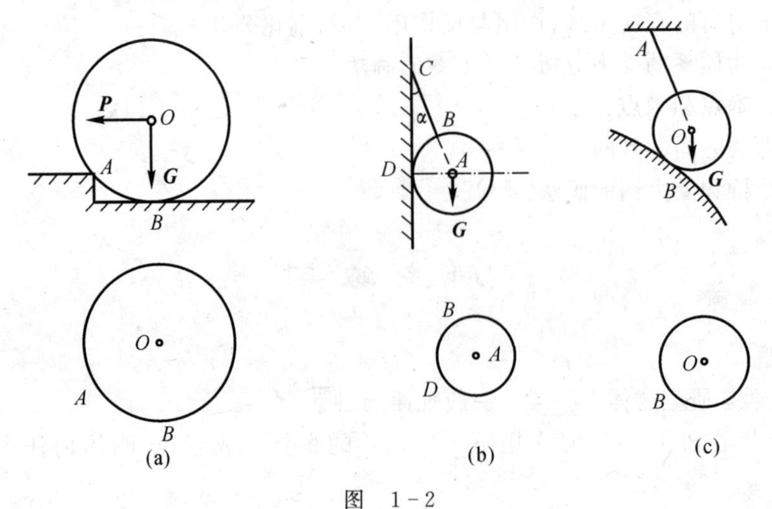

图 1-2

2. 画出图 1-3 所示各杆的受力图。

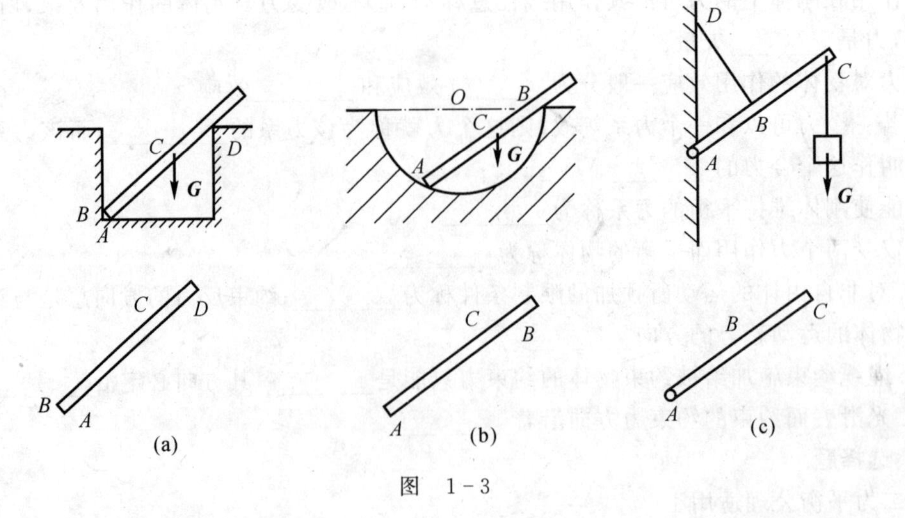

图 1-3

3.画出图 1-4 所示各梁 AB 的受力图。

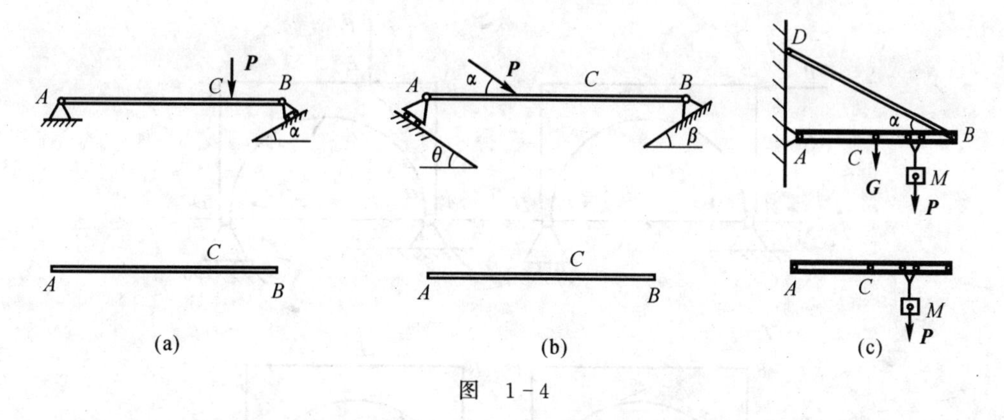

图　1-4

4.画出图 1-5 各构件中杆件 AB,BC(或 CD)的受力图(图 1-5(a)中假定 $\boldsymbol{P}$ 力作用在销钉 B 上;图 1-5(c)中 AB 杆和 CD 杆在 B 处铰接)。

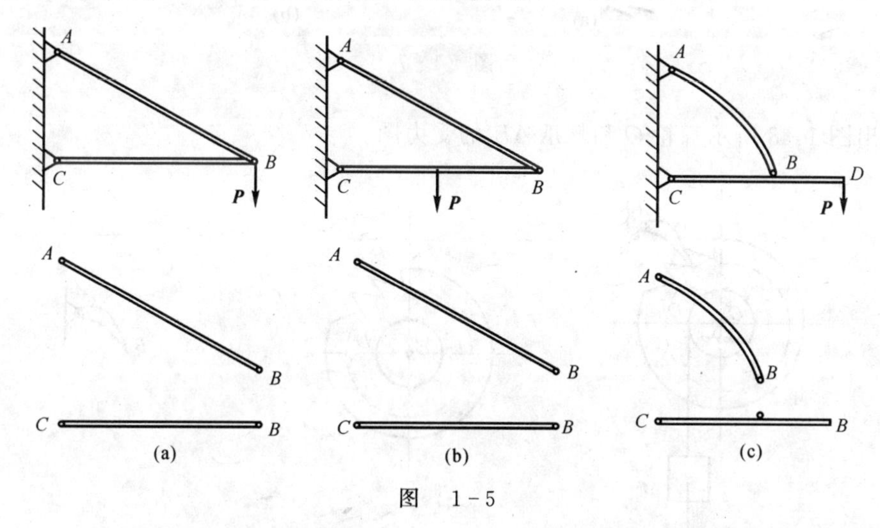

图　1-5

5.画出图 1-6 各组合梁中 AB,BC(或 CD)梁的受力图(图 1-6(b)中 AB 杆和 CD 杆在 D 处铰接)。

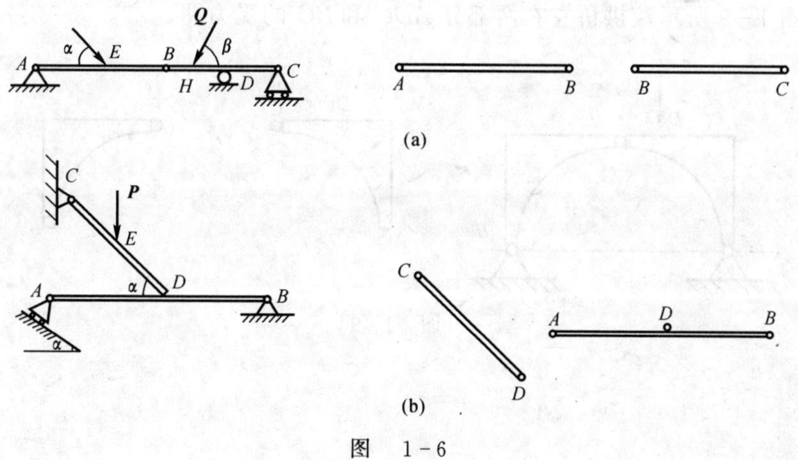

图　1-6

6. 画出图 1－7 所示刚架 *ABCD* 的受力图。

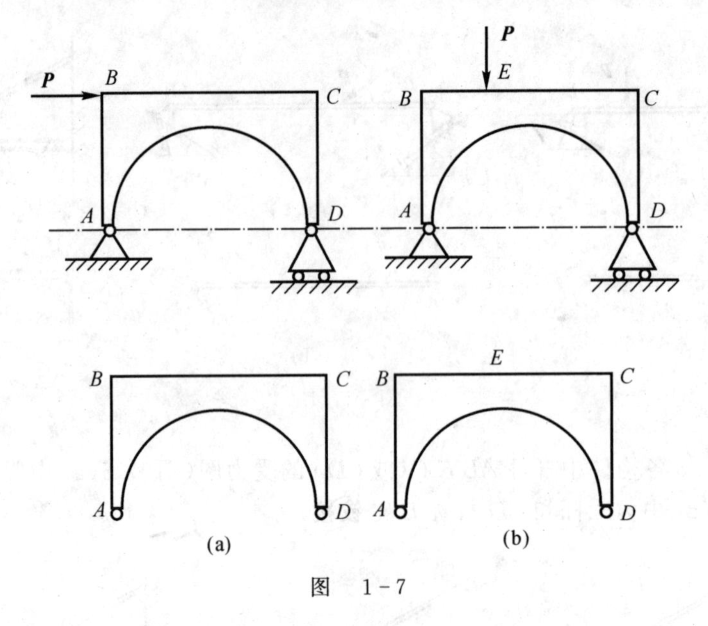

图 1－7

7. 画出图 1－8 所示棘轮 *O* 和棘爪 *AB* 的受力图。

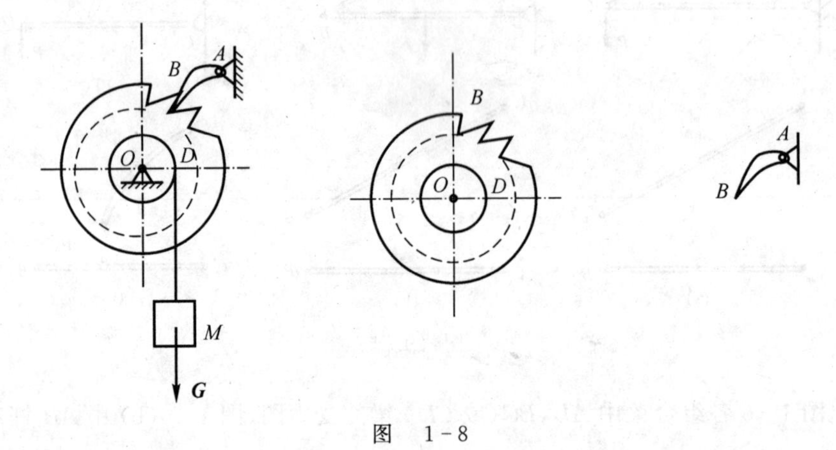

图 1－8

8. 画出图 1－9 所示铰拱桥左右两部分 *ADC* 和 *BC* 的受力图。

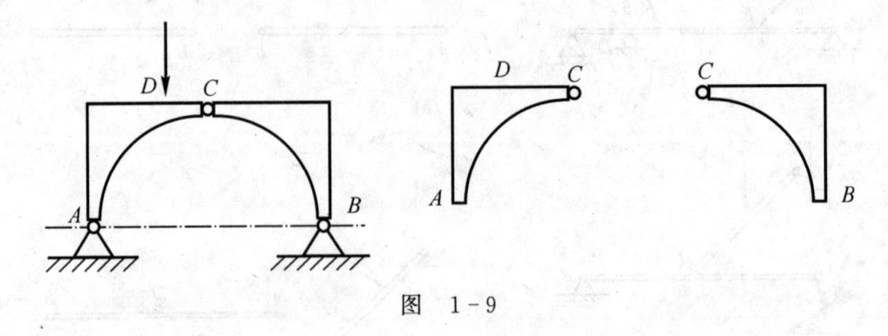

图 1－9

第二章　平面基本力系

内容导学

主要知识点：

(1)力的多边形规则，平面共点力系合成与平衡的几何法。

(2)力在坐标轴上的投影，合力投影定理，平面共点力系的合成解析法，平面共点力系平衡的解析条件。

(3)两个平行力的合成，力偶，力偶矩，共面力偶的等效条件，平面力偶系的合成和平衡条件。

学习重点、难点和考点：

(1)用解析法求解平面共点力系的平衡问题，列平衡方程，画受力图。

(2)平面力偶系的合成与平衡。

同步练习

一、填空题

1.平面共点力系可以合成为________个合力。

2.平面共点力系的合力作用线通过________，其大小和方向可用力多边形的________边表示。

3.平面汇交力系可以列________个平衡方程，可求解________个未知量。

4.力在坐标轴上的投影是________量，而力在坐标轴上的分量是________量。

5.作用在刚体上不共线的三个力，要使刚体平衡的充要几何条件是________。

6.两个大小相等，方向相反的力 $\boldsymbol{F}_1$ 与 $\boldsymbol{F}'$ ________(能／不能)合成为一个力。$\boldsymbol{F}_1$ 与 $\boldsymbol{F}'_1$ 唯一决定力作用效果的是________。

7.如图 2-1 所示，图(a) 中力偶 1 和图(b) 中力偶 2 等效，其中 $F_1=30$ N，$d_1=4$ cm，$F_2=40$ N，则图(b) 中力偶 2 的力偶臂 d_2 为________。

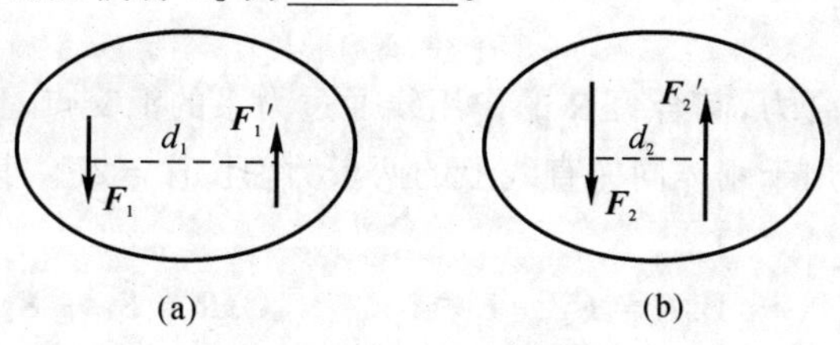

图　2-1

二、判断题(对的画√,错的画×)

1. 力偶无合力,就是说力偶的合力等于零。 ( )

2. 任意两个力都可以简化为一个合力。 ( )

3. 平面汇交力系可简化为一个合力。 ( )

4. 平面力偶系可简化为一个合力偶。 ( )

5. 力偶各力在其作用平面上任意轴上投影的代数和都等于零。 ( )

6. 力偶对其作用平面上任一点之矩都等于力偶矩。 ( )

7. 图 2-2 所示为一矩形钢板,长边为 a,短边为 b。为使钢板转一角度,须加力偶,沿短边加力最省力。 ( )

8. 图 2-3 为作用在同一平面内的四个力,它们首尾相接自身构成封闭的平行四边形。物体在此力系作用下一定是平衡的。 ( )

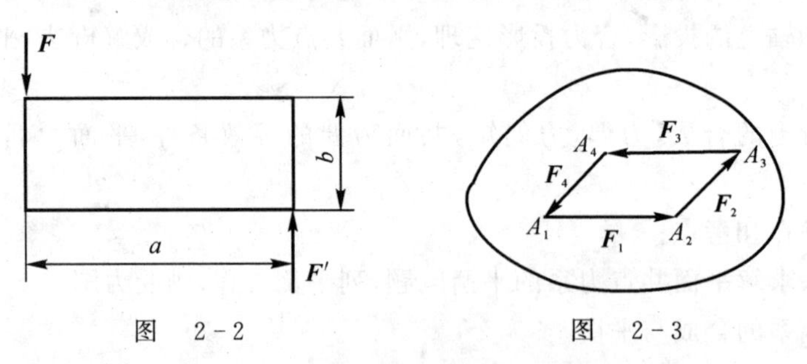

图 2-2　　　　图 2-3

三、选择题

1. 已知 $\boldsymbol{F}_1,\boldsymbol{F}_2,\boldsymbol{F}_3,\boldsymbol{F}_4$ 为作用于刚体上的平面汇交力系,其力矢关系如图 2-4 所示,由此可知( )。

A. 力系的合力 $\boldsymbol{R}=\boldsymbol{0}$

B. 力系平衡

C. 力系的合力 $\boldsymbol{R}\neq\boldsymbol{0}, R=2F_2$

D. 力系不平衡

E. 力系可简化为一合力,其合力 $\boldsymbol{R}$ 的作用线通过力系的汇交点,且 $R=2F_2$

2. 已知 $\boldsymbol{F}_1,\boldsymbol{F}_2,\boldsymbol{F}_3,\boldsymbol{F}_4$ 为作用于刚体上的平面汇交力系,其力系关系如图 2-5 所示。由此可知( )。

A. 力系的合力 $\boldsymbol{R}=\boldsymbol{0}$

B. 力系平衡

C. 力系的合力 $\boldsymbol{R}\neq\boldsymbol{0}, R=F_4$

D. 力系不平衡

E. 力系可简化为一合力,其合力 $\boldsymbol{R}$ 的作用线通过力系的汇交点,且 $R=2F_4$

3. 已知 $\boldsymbol{F}_1,\boldsymbol{F}_2$ 为作用于刚体同一直线上的两个力,且 $F_1=2F_2$,其方向相反,如图 2-6 所示。因此合力 $\boldsymbol{R}$ 可表为( )。

A. $\boldsymbol{R}=\boldsymbol{F}_1-\boldsymbol{F}_2$　　B. $\boldsymbol{R}=\boldsymbol{F}_2-\boldsymbol{F}_1$　　C. $\boldsymbol{R}=\boldsymbol{F}_1+\boldsymbol{F}_2$

D. $\boldsymbol{R}=\frac{1}{2}\boldsymbol{F}_1$　　E. $\boldsymbol{R}=-\boldsymbol{F}_2$　　F. $\boldsymbol{R}=-\frac{1}{2}\boldsymbol{F}_1$

G. $\boldsymbol{R}=-\boldsymbol{F}_2$

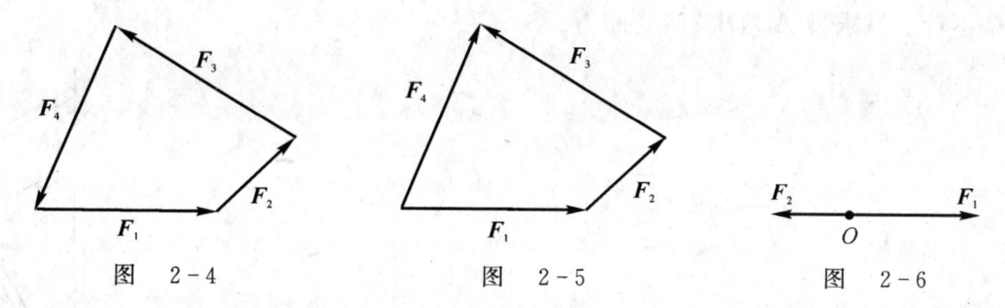

图　2-4　　图　2-5　　图　2-6

四、计算题

1. 如图 2-7 所示，结构的节点 O 上作用着四个共面力，各力的大小分别为：$F_1=150$ N，$F_2=80$ N，$F_3=140$ N，$F_4=50$ N，方向如图所示。求各力在轴 x 和 y 上的投影，以及这四个力的合力。

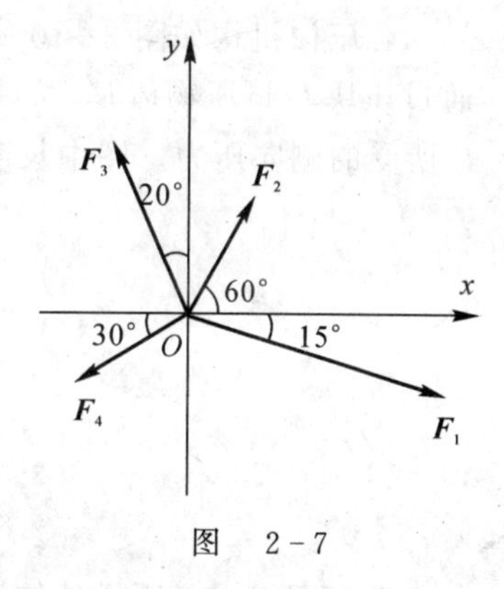

图　2-7

2. 图 2-8 所示系统中，在绳索 AB，BC 的节点 C 处作用有力 $\boldsymbol{P}$ 和 $\boldsymbol{Q}$，方向如图所示。已知 $Q=534$ N，求欲使该两根绳索始终保持张紧，力 $\boldsymbol{P}$ 的取值范围。

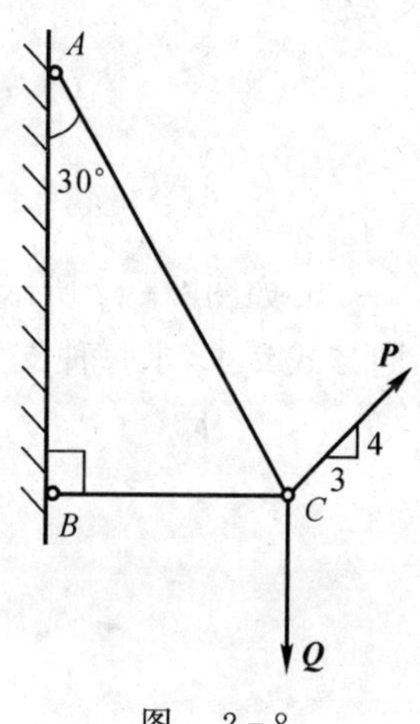

图　2-8

3. 图 2-9 所示构架由 AB 与 BC 组成，A，B，C 三处均为铰接。B 点悬挂重物的重量为 G，杆重忽略不计。试求杆 AB，BC 所受的力。

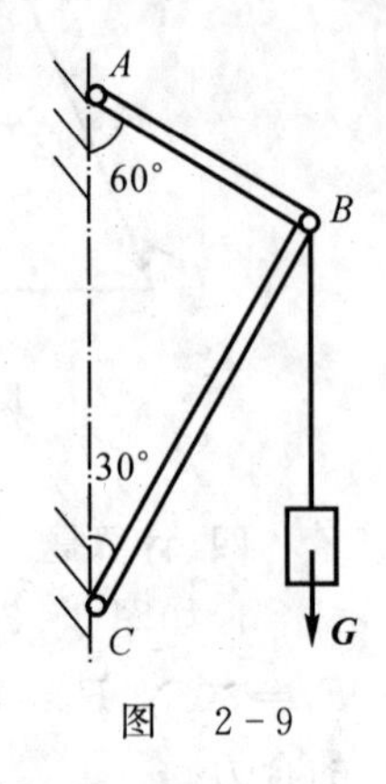

图 2-9

4. 压榨机构如图 2-10 所示，A 为固定铰链支座。当在铰链 B 处作用一个铅直力 P 时，可通过压块 D 挤压物体 E。如果 $P=300$ N，不计摩擦和自重，求杆 AB 和 BC 所受的力以及物体 E 所受的侧向压力。图中长度单位为 cm。

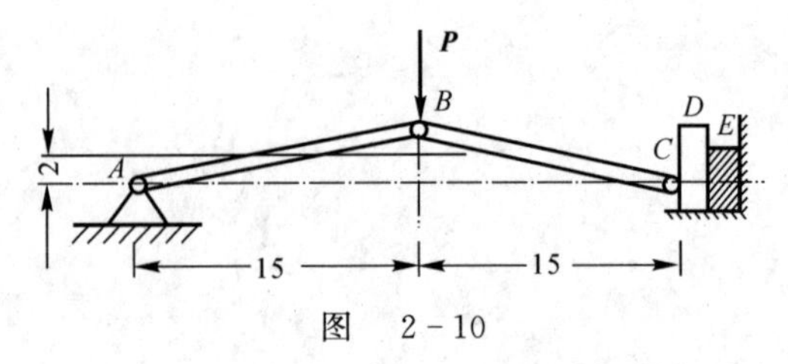

图 2-10

5. 求图 2-11 所示外伸梁的支座受力。

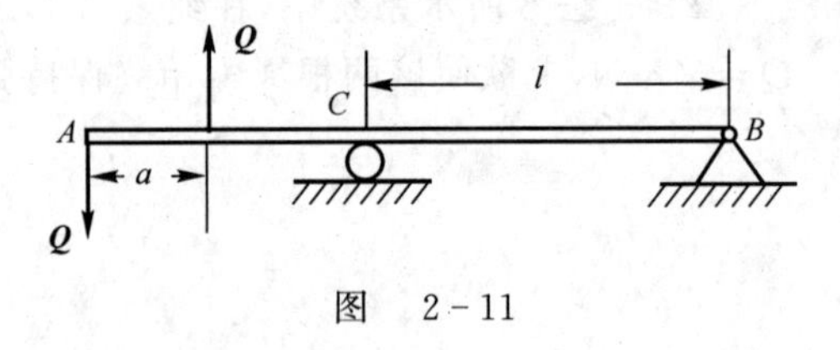

图 2-11

6. 如图 2-12 所示，一力偶矩为 L 的力偶作用在直角曲杆 ADB 上。如此曲杆作用两种不同方式支承，求每种支承的约束反力。

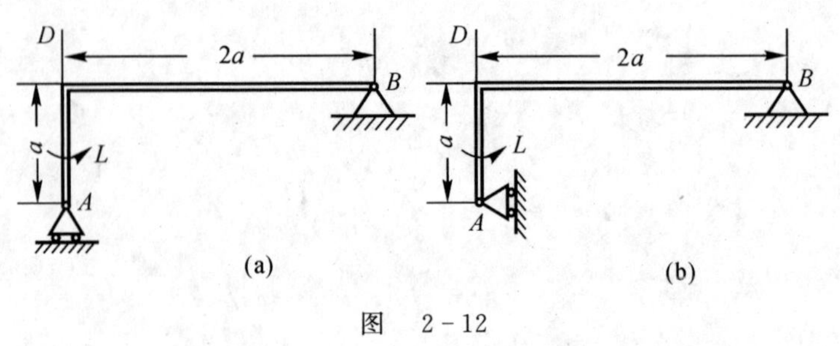

图 2-12

第三章　平面任意力系

内容导学

主要知识点：

(1)基本概念：力对点的矩。

(2)基本原理：力线平移定理；合力矩定理。

(3)平面任意力系向作用面内任一点的简化，力系的主矢和主矩。

(4)平面任意力系的平衡。

(5)简单平面桁架的内力计算，节点法和截面法。

学习重点、难点和考点：

(1)力对点的矩。

(2)物体系的平衡。

(3)简单平面桁架的内力计算。

同步练习

一、填空题

1.平面力偶系有________个独立平衡方程；平面平行力系有________个独立平衡方程。

2.平面任意力系二矩式平衡方程的限制条件是________。

3.平面任意力系向作用平面内指定点简化的结果，可能有________种情况，这些情况是________。

4.平面力偶等效的充分与必要条件是________。

5.力偶中的两个力对任一点的矩之和等于________。

6.当把力 $\boldsymbol{F}$ 作用线向某点 O 平移时，须附加一个力偶，此附加力偶的矩等于________。

7.平面任意力系对简化中心 O 的主矩在数值上等于原力系中________。

二、判断题(对的画√，错的画×)

1.平面汇交力系平衡的必要与充分条件是：力系的合力等于零。（　）

2.平面力偶系平衡的必要与充分的条件是：力偶系的合力偶等于零。（　）

3.平面任意力系平衡的必要与充分条件是：力系的合力等于零。（　）

4.作用在刚体上的力，沿力作用线滑动或任意平移改变力作用线，都不会改变力对刚体的作用效应。（　）

5.力和力偶都能使物体产生转动效应，如图3-1中力 $\boldsymbol{P}$ 和矩 $\boldsymbol{M}=\boldsymbol{Pr}$ 的力偶，对圆盘绕转轴的转动效应，分别以 $\boldsymbol{m}_O(\boldsymbol{P})=\boldsymbol{Pr}$，$\boldsymbol{M}=\boldsymbol{Pr}$ 度量，因 $Pr=Pr$，则力 $\boldsymbol{P}$ 与力偶 $\boldsymbol{M}$ 等效。（　）

6. 作用在刚体上的平面任意力系的主矢量是个自由矢量，而该力系的合力(若有合力)是滑动矢量。但这两个矢量大小相等、方向相同。（　　）

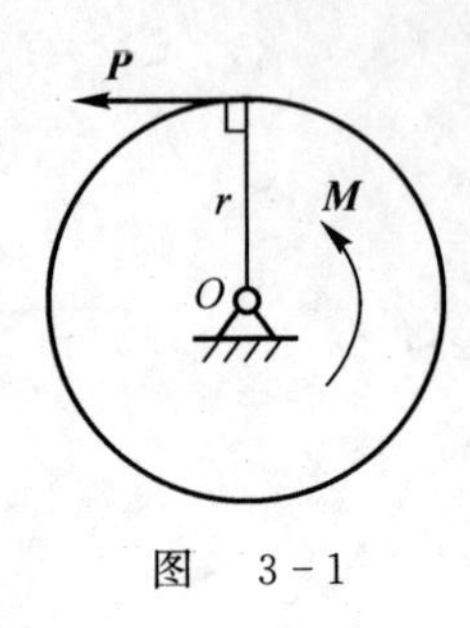

图　3-1

7. 当某一平面任意力系的主矢量 $\boldsymbol{R}'=\sum\boldsymbol{F}=\boldsymbol{0}$ 时，则合力系一定有一合力偶。（　　）

8. 若某一平面任意力系对其作用面内某一点之矩的代数和等于零，即 $\sum m_A(F)=0$ 时，则该力系就不可能简化为合力偶。（　　）

9. 平面平行力系平衡，可写出三个独立平衡方程。（　　）

三、选择题

1. 一平面任意力系向点 A 简化后，得到如图 3-2 所示的主矢 $\boldsymbol{R}'$ 和主矩 L_A，则该力系的最后合成结果应是(　　)。

A. 作用在点 A 左边的一个合力　　B. 作用在点 A 右边的一个合力

C. 作用在点 A 的一个合力　　D. 一个合力偶

2. 某一平面平行力系各力的大小，方向和作用线的位置如图 3-3 所示。试问此力系简化的结果与简化中心的位置是否有关？(　　)

A. 无关　　B. 有关

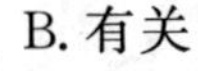

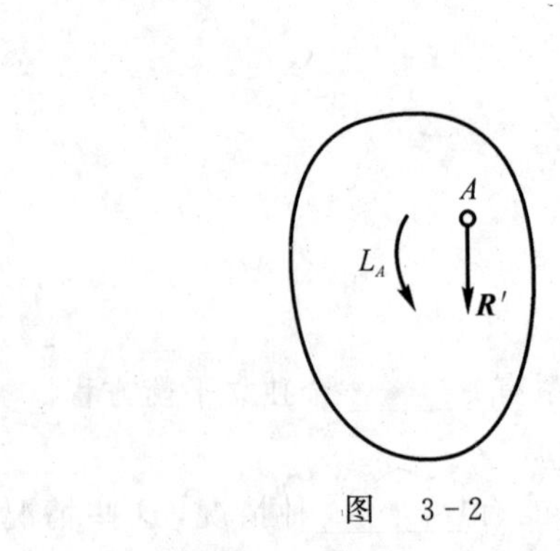

图　3-2

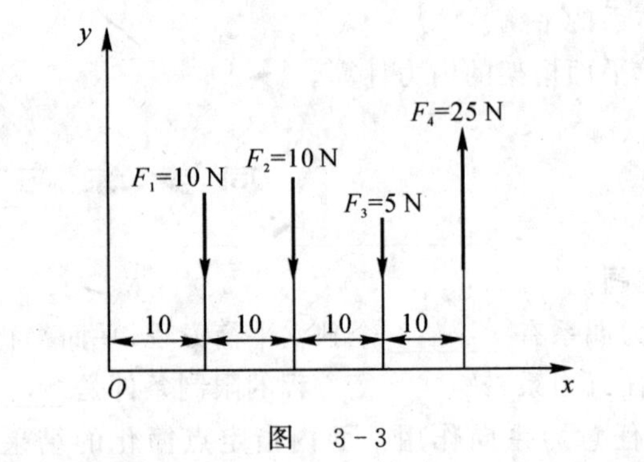

图　3-3

3. 在刚体同一平面内 A,B,C 三点上分别作用 $\boldsymbol{F}_1,\boldsymbol{F}_2,\boldsymbol{F}_3$ 三个力，并构成封闭三角形，如图 3-4 所示，此力系是属于什么情况？(　　)

A. 力系平衡

B. 力系可简化为合力

C. 力系简化为一个力偶

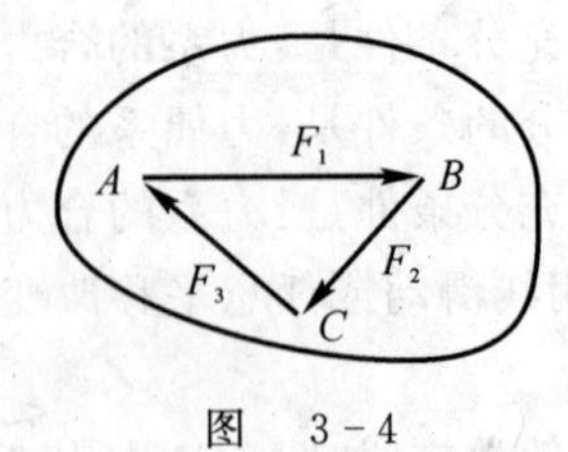

图　3-4

四、计算题

1. 试求下列各图 3-5 中力 $\boldsymbol{P}$ 对点 O 的矩，已知 $a=60$ cm，$b=20$ cm，$r=3$ cm，$P=400$ N。

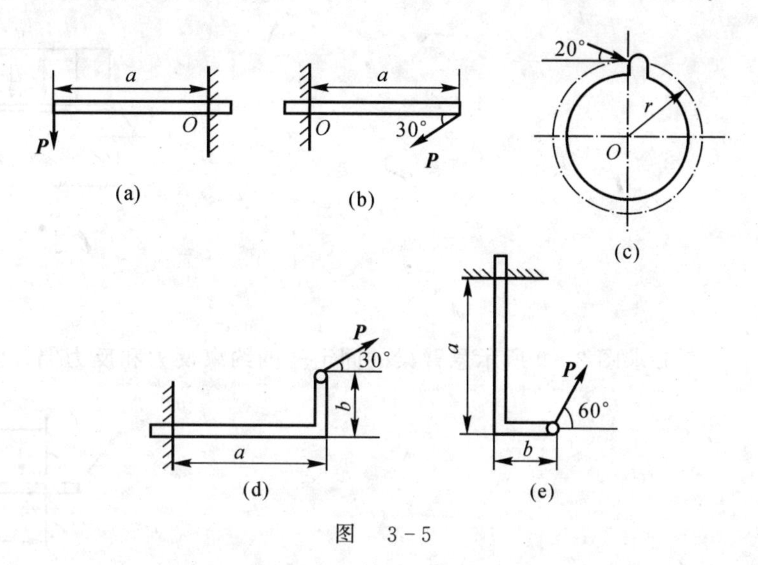

图　3-5

2. 如图 3-6 所示。在边长 $a=2$ m 的正方形平板 $OABC$ 的 A，B，C 三点上作用四个力：$F_1=3$ kN，$F_2=5$ kN，$F_3=6$ kN，$F_4=4$ kN。求这四个力组成的力系向点 O 的简化结果和最后合成结果。

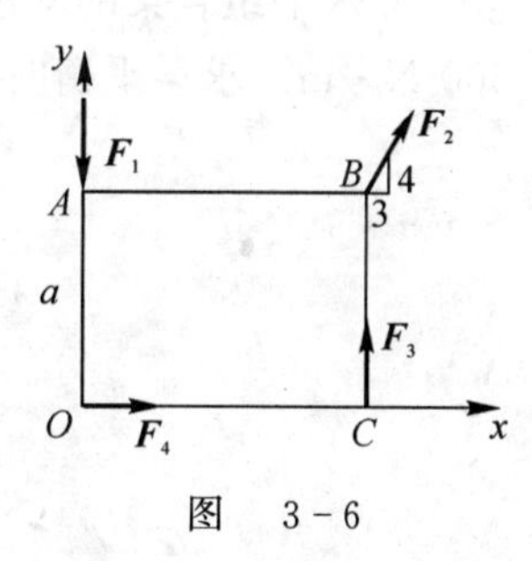

图　3-6

3. 如图 3-7 所示梁 AB 上受两个力的作用，$P_1=P_2=20$ kN，图中长度单位为 m，不计梁的自重，求支座 A，B 的约束力。

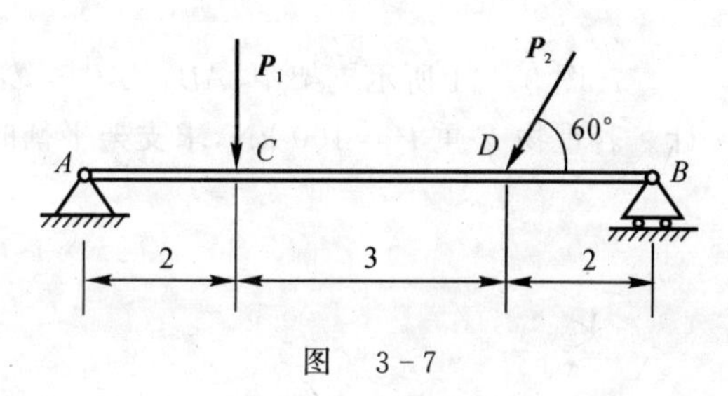

图　3-7

4. 简支梁 AB 的支承和受力情况如图 3-8 所示。已知分布载荷的集度 $q=20$ kN/m，力偶矩的大小 $M=20$ kN·m，梁的跨度 $l=4$ m。不计梁的自重，求支座 A,B 的约束力。

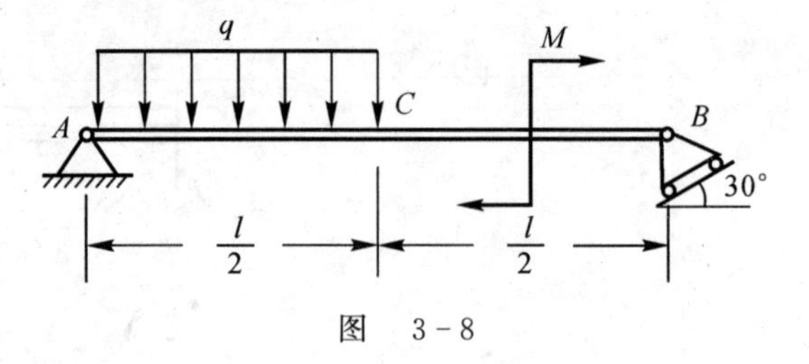

图 3-8

5. 求图 3-9 所示悬臂梁的固定端的约束反力和反力偶。已知 $M=qa^2$。

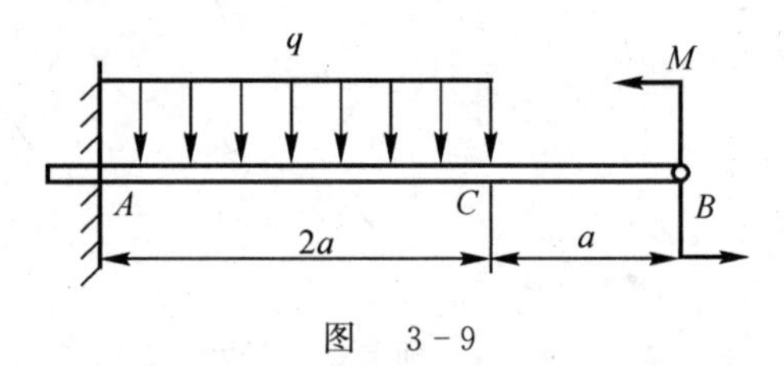

图 3-9

6. 水平组合梁的支承情况和载荷如图 3-10 所示。已知 $P=500$ N，$q=250$ N/m，$m=500$ N·m。求梁平衡时支座 A,B,E 处反力。

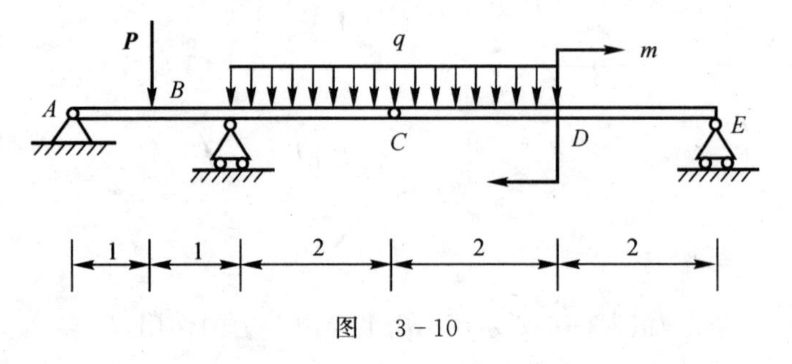

图 3-10

7. 图 3-11 所示支架中，$AB=AC=CD=1$ m，滑轮半径 $r=0.3$ m。滑轮和各杆自重不计。若重物 E 重 $P=100$ kN，求支架平衡时支座 A,B 处的约束反力。

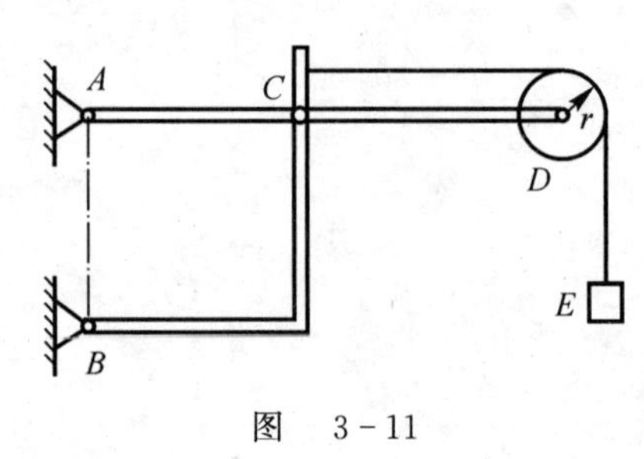

图 3-11

8. 图 3－12 所示支架由两杆 AD，CE 和滑轮等组成，B 处是铰链连接，尺寸如图 3－12 所示。在滑轮上吊有重 $Q=1\ 000$ N 的物体，求支座 A 和 E 处约束力的大小。

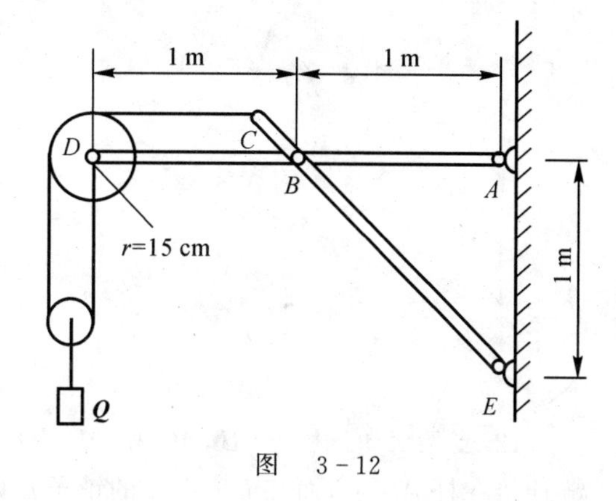

图　3－12

9. 如图 3－13 所示，D 处是铰链连接。已知 $Q=12$ kN。不计其余构件自重，求固定铰支 A 和活动铰支 B 的反力，以及杆 BC 的内力。

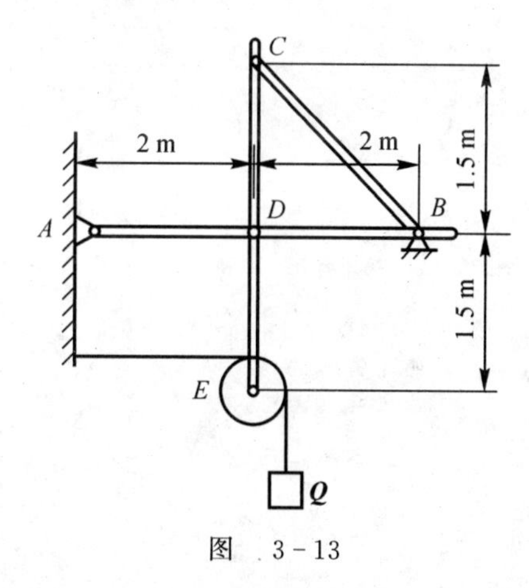

图　3－13

10. 组合梁由 AC 和 CD 两段在 C 铰链而成，支承和受力情况如图 3－14 所示。已知均布载荷集度 $q=10$ kN/m，力偶矩的大小 $M=40$ kN·m。不计梁的自重，求支座 A，B，D 的反力以及铰链 C 所受的力。图中长度单位为 m。

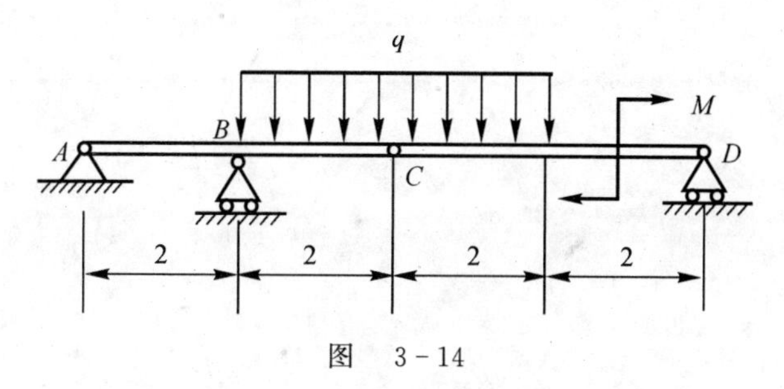

图　3－14

11. 如图 3-15 所示，光滑圆盘 D 重 $G=147$ N，半径 $r=10$ cm，放在半径 $R=50$ cm 的半圆拱上，并用曲杆 $BECD$ 支撑。求销钉 B 处反力及 C 支座反力。

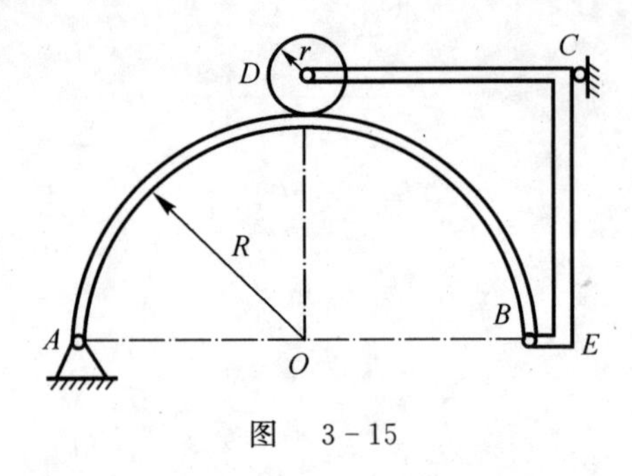

图 3-15

12. 支架 ABC 由杆 AB，AC 和 DF 组成，尺寸如图 3-16 所示。水平杆 DF 在一端 D 用铰链连接在杆 AB 上，而在 DF 中点的销子 E 则可在杆 AC 的槽内自由滑动。在自由端作用着铅垂力 P。求支座 B 和 C 的约束力以及作用在杆 AB 上 A，D 两点的约束力大小。

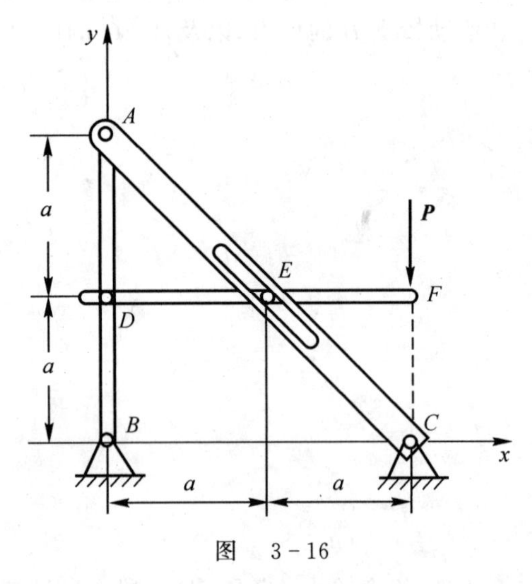

图 3-16

13. 如图 3-17 所示构架，已知 $F=1\ 000$ N，$l=300$ mm，$h=400$ mm，不计构架自重，试求铰支座 A，D 处的约束力。

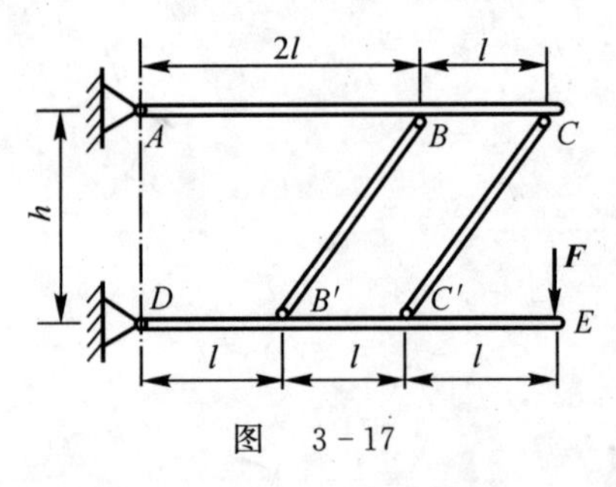

图 3-17

14. 图 3-18 所示构架，已知 $F,q,l,M=ql^2$，不计各杆自重，求支座 A,D 处的约束力。

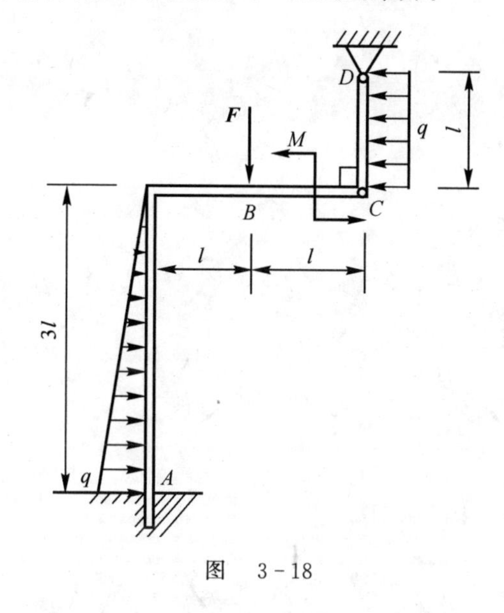

图　3-18

15. 平衡桁架所受载荷如图 3-19 所示，用节点法求图示各桁架中杆件 1,2,3 的内力。

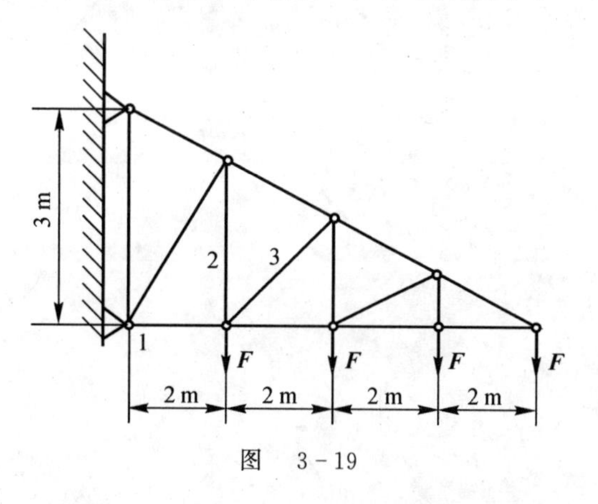

图　3-19

16. 平衡桁架所受载荷如图 3-20 所示，已知 $F_1=10$ kN，$F_2=F_3=20$ kN。用截面法求图 3-21 所示各桁架中杆 4，杆 5，杆 7 和杆 10 的内力。

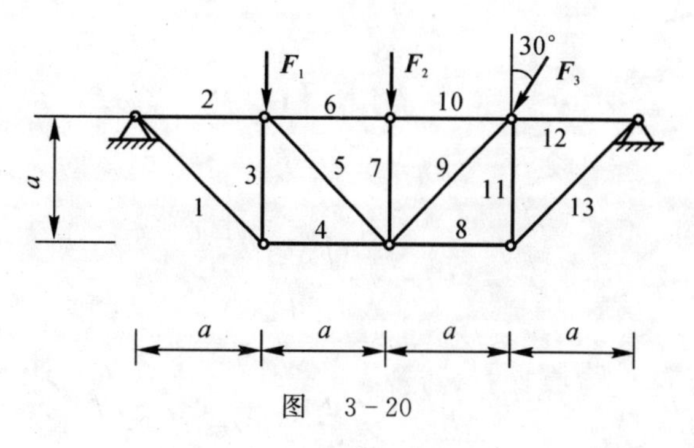

图　3-20

17. 试求图 3-21 桁架中 1,4,7,9,10 杆的内力。

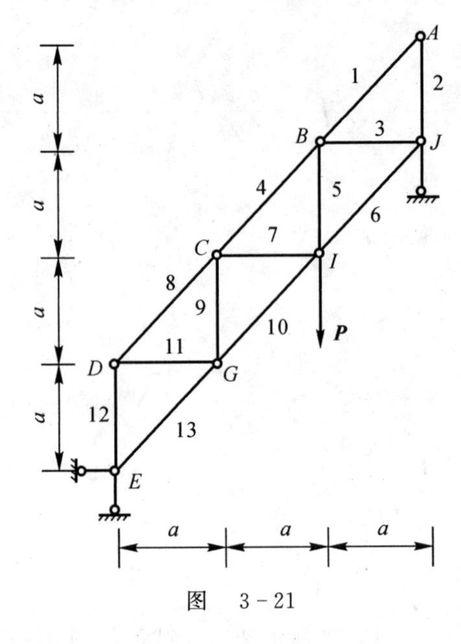

图 3-21

第四章 摩 擦

内容导学

主要知识点：

(1)基本概念：静滑动摩擦力，动滑动摩擦力，最大静摩擦力，摩擦角，自锁，滚动摩阻。

(2)基本原理：滑动摩擦定律。

学习重点、难点和考点：

求解考虑摩擦时的平衡问题。

同步练习

一、填空题

1. 当两个相接触的物体有________或________时，在其接触处有阻碍其滑动的作用，这种阻碍作用称为滑动摩擦力。滑动摩擦力的方向与________相反。

2. 摩擦角 φ_m 是________与法向反力的合力与支承面的法线间的夹角。

3. 当作用在物体上的________的合力作用线与接触面法线间的夹角 α 小于摩擦角 φ_m 时，不论该合力大小如何，物体总是处于平衡状态，这种现象称为________。

4. 摩擦角 φ_m 与静滑动摩擦因数 f 之间的关系为________。

5. 如图 4-1 所示，匀质长方体的高度 h 为 30 cm，宽度 b 为 20 cm，重量 $G=600$ N，放在粗糙水平面上，它与水平面的静摩擦因数 f 是 0.4。要使物体保持平衡，作用在其上的水平力 $\boldsymbol{P}$ 的最大值为________ N。

6. 如图 4-2 所示，物块重 100 N，平行于斜面的推力 $F=100$ N，设物块在斜面上处于临界平衡状态，斜面与水平方向夹角 $\alpha=30°$，则物块与斜面间的摩擦角为________；物块与斜面间的静摩擦因数为________。

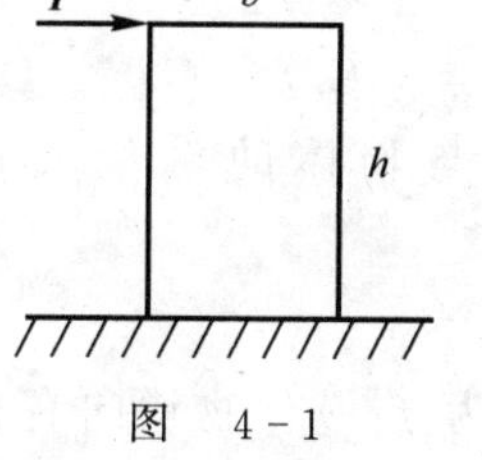

图 4-1

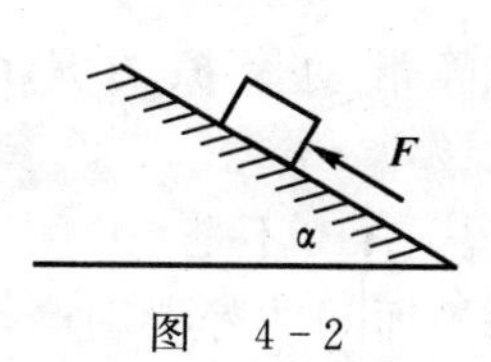

图 4-2

二、判断题(对的画√，错的画×)

1. 静滑动摩擦力 $\boldsymbol{F}$ 的大小一定等于法向反力 $\boldsymbol{N}$ 的大小与静滑动摩擦因数 f 的乘积，即

$\boldsymbol{F}=f\boldsymbol{N}$。（　　）

2. 物体受到支承面的全反力（摩擦力与法向反力的合力）与支承面法线间的夹角称为摩擦角。（　　）

3. 重 $\boldsymbol{G}$ 的物块放在倾角为 α 的斜面上，因摩擦而静止。现为使物块下滑只要在物块上再加足够重量的物块 P（两物块无相对滑动）如图 4-3 所示，就可达到下滑目的。（　　）

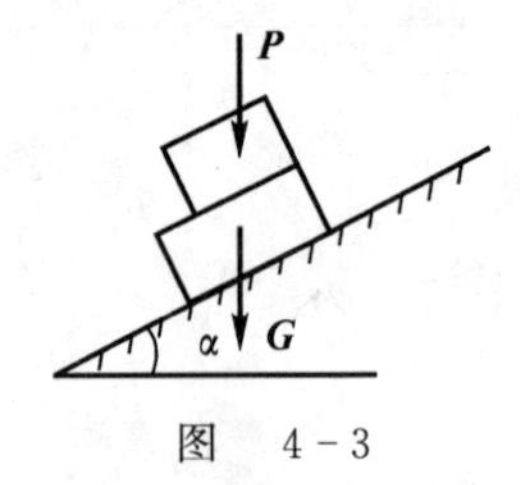

图　4-3

4. 动滑动摩擦力的大小总是与法向反力成正比，方向与物体滑动方向相反。（　　）

三、选择题

1. 重量 $G=10$ N 的物块搁置在倾角 $\alpha=30°$ 的粗糙斜面上，如图 4-4 所示。物块与斜面间的静滑动摩擦因数 $f=0.6$，试问物块所处状态如何？（　　）

A. 静止　　B. 向下滑动　　C. 临界下滑状态

2. 重量为 $\boldsymbol{P}$ 的物块，搁置在粗糙水平面上，已知物块与水平面间的摩擦角 $\varphi_{\mathrm{m}}=20°$，当受一斜侧推力 $Q=P$ 作用时，如图 4-5 所示，$\boldsymbol{Q}$ 与法线间的夹角 $\alpha=30°$，试问此物块所处状态如何？（　　）

A. 静止　　B. 滑动　　C. 临界平衡状态

3. 重量为 $\boldsymbol{G}$ 的物块放置在粗糙水平面上，物块与水平面间的静滑动摩擦因数为 f，并知在水平推力 $\boldsymbol{P}$ 作用下，物块仍处于静止状态，如图 4-6 所示，水平面的全反力 $\boldsymbol{R}$ 的大小为（　　）。

A. $R=\sqrt{G^2+P^2}$　　B. $R=\sqrt{G^2+(fG)^2}$　　C. $R=\sqrt{P^2+(fP)^2}$

D. $R=G$　　E. $R=P$　　F. $R=fG$

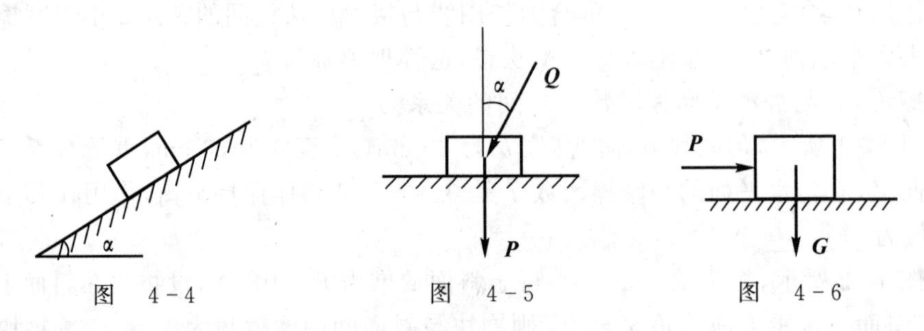

图　4-4　　图　4-5　　图　4-6

4. 图 4-7 所示物块重 $\boldsymbol{G}$，在水平推力 $\boldsymbol{P}$ 作用下处于平衡。已知物块与铅垂面间的静滑摩擦因数为 f。物块与铅垂面间的摩擦力 $\boldsymbol{F}$ 的大小为（　　）。

A. $F=fP$　　B. $F=fG$　　C. $F=G$　　D. $F=P$

5. 物体的最大静滑动摩擦力是否总是与物体的重量成正比？（　　）

A. 是　　B. 不是

6. 物体重 $\boldsymbol{G}$，与水平面间的静滑动摩擦因数为 f，欲使物块向右移动，试问图 4-8①，② 两种施力方法，哪一种省力？（　　）

A. 两种一样费力　　B. ① 省力　　C. ② 省力

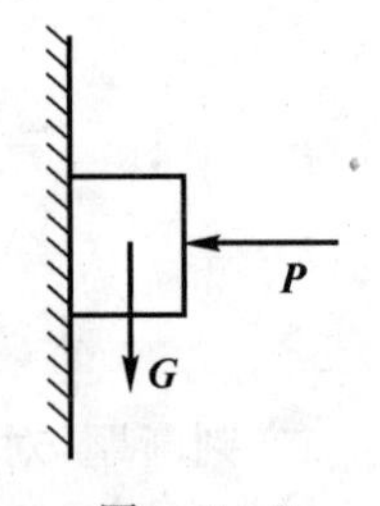

图　4-7

7. 两物块 A 和 B 叠放在水平面上，它们的重量分别为 $\boldsymbol{G}_{\mathrm{A}}$ 和 $\boldsymbol{G}_{B}$，设 A

与 B 间的摩擦因数为 f_1，B 与水平面间的摩擦因数为 f_2，试问施水平拉力 $\boldsymbol{P}$ 拉动物块 B，对于图 4－9①，② 两种情况，哪一种省力？（　　）

A. 两种一样费力　　B. ① 省力　　C. ② 省力

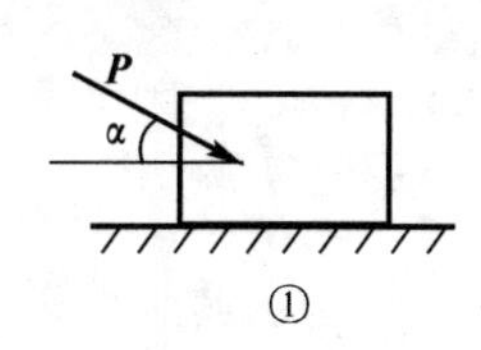

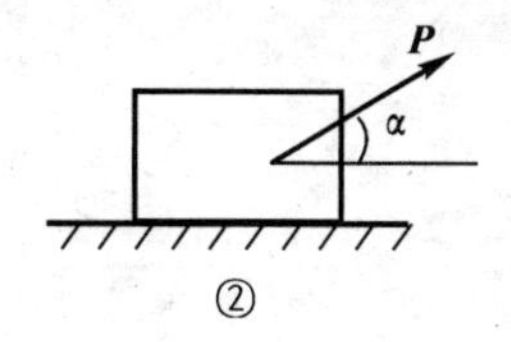

图　4－8

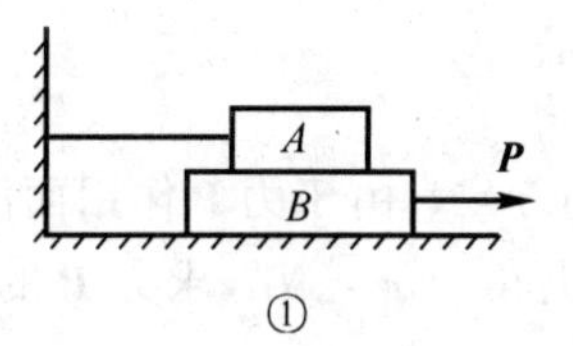

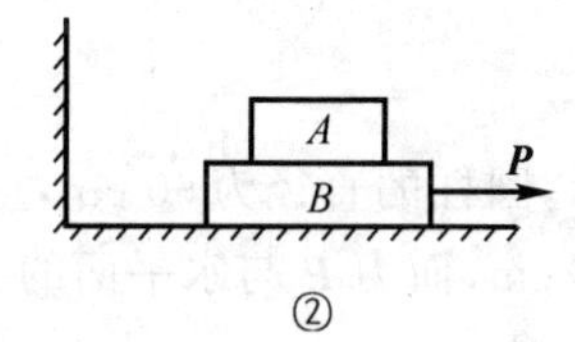

图　4－9

8. 图 4－10 为砂石输送机，砂石与胶带间的静摩擦因数 $f=\dfrac{1}{\sqrt{3}}$，已知两轮轴在水平面上的投影距离 $L=20$ m，欲将砂石送至最大高度，试问两轮轴间最大高度差 $h_{\max}$ 等于多少？（　　）

A. $h_{\max}=20\sqrt{3}$ m　　B. $h_{\max}=11.55$ m　　C. $h_{\max}=17.32$ m

9. 均质长方体的高度 $h=30$ cm，宽度 $b=20$ cm，重量 $G=600$ N，放在粗糙的水平面上（见图 4－11），它与水平面的静滑动摩擦因数 $f=0.4$，要使物体保持平衡，则作用在其上的水平力 $\boldsymbol{P}$ 的最大值应为（　　）。

A. 200 N　　B. 240 N　　C. 600 N　　D. 300 N

10. 重 200 N 的物块静止放在倾角 $\alpha=30°$ 的斜面上，力 $\boldsymbol{P}$ 平行于斜面并指向上方，其大小等于 100 N（见图 4－12），已知物块和斜面之间的静摩擦因数 $f=0.3$，则斜面对物块的摩擦力等于（　　）。

A. $100\sqrt{3}\times 0.3$ N　　B. 100 N　　C. 0　　D. $100(1-\sqrt{3}\times 0.3)$ N

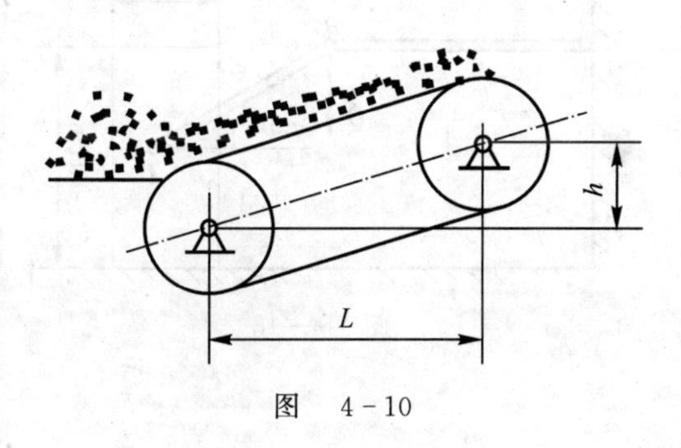

图　4－10

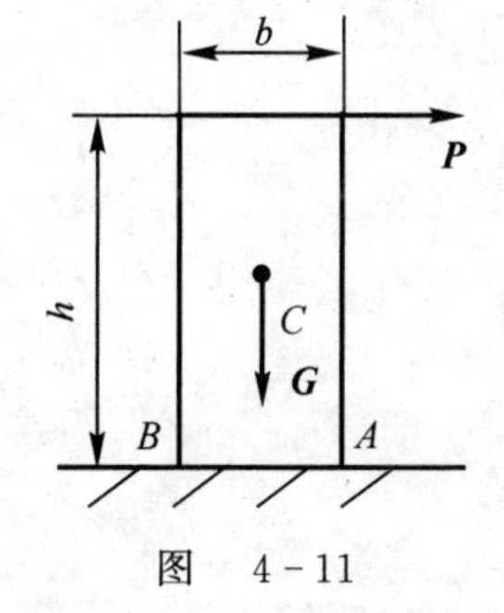

图　4－11

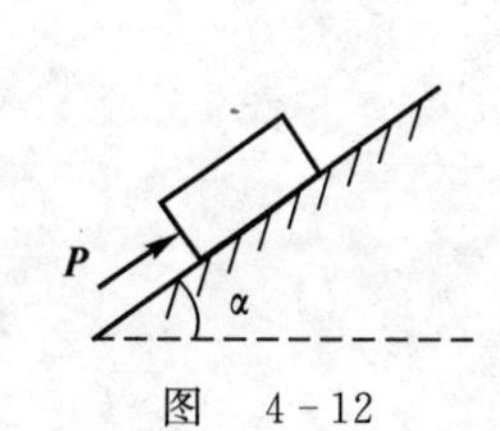

图　4－12

四、计算题

1. 如图 4－13 所示，梯子重 $\boldsymbol{G}$，作用在梯子上的中点，上端靠在光滑的墙上，下端搁在粗糙的地板上，摩擦因数为 f。要想使重为 $\boldsymbol{Q}$ 的人站在顶点 A 而梯子不致滑动，问倾角 α 应为多大？

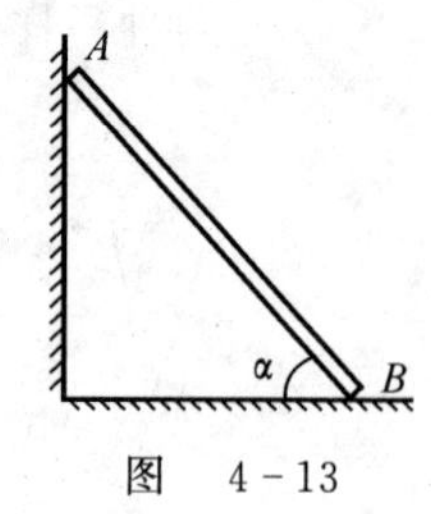

图 4-13

2. 如图 4-14 所示，圆柱的直径为 60 cm，重 3 kN，由于力 $\boldsymbol{P}$ 作用而沿水平面做匀速运动。已知滚阻系数 $\delta=0.5$ cm，而力 $\boldsymbol{P}$ 与水平面的夹角为 $\alpha=30°$，求力 $\boldsymbol{P}$ 的大小。

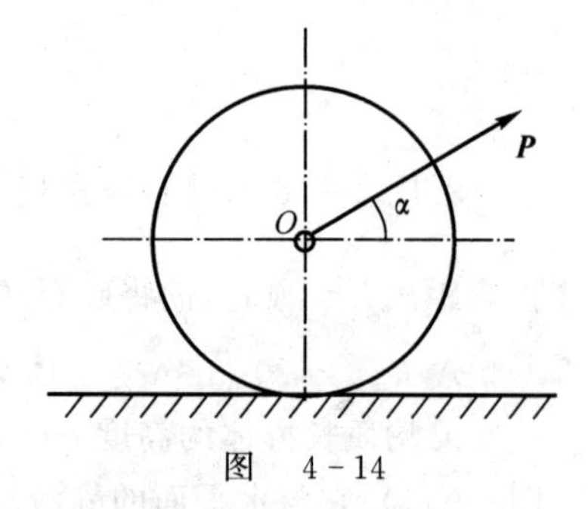

图 4-14

3. 如图 4-15 所示，杆 AB 和 BC 在 B 处铰接，在铰链上作用有铅垂力 $\boldsymbol{Q}$，C 端铰接在墙上，A 端铰接在重 $P=1\ 000$ N 的匀质长方体的几何中心 A。已知杆 BC 水平，长方体与水平面间静摩擦因数为 $f=0.52$，杆重不计，尺寸如图所示。试确定不致破坏系统平衡的 $\boldsymbol{Q}$ 的最大值。

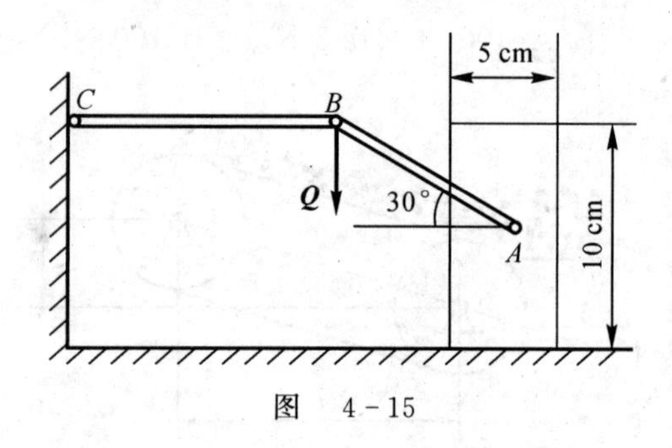

图 4-15

4. 如图 4-16 所示，一重为 $G=196$ N 的均质圆盘静置在斜面上，已知圆盘与斜面间的摩擦因数 $f_s=0.2$，$R=20$ cm，$e=10$ cm，$a=40$ cm，$b=60$ cm，$c=40$ cm，杆重及滚阻不计。试求

作用在曲杆 AB 上而不致引起圆盘在斜面上发生滑动的最大铅垂力。

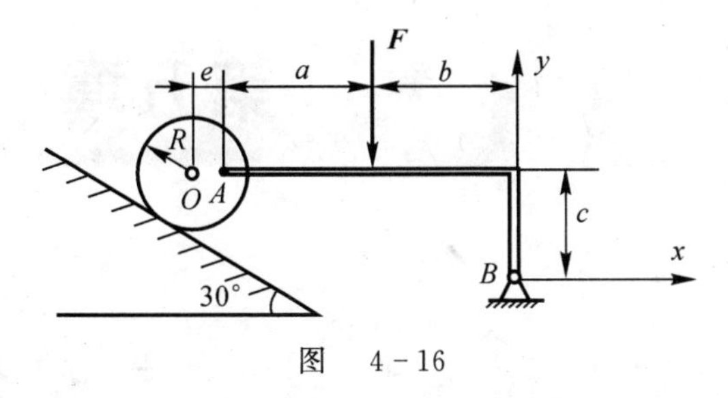

图　4－16

5. 如图 4－17 所示，滑块 A，B 分别重 100 N，由图示联动装置连接，杆 AC 平行于斜面，杆 CB 水平，C 是光滑铰链。各杆自重不计，滑块与地面间的摩擦因数是 $f=0.5$，试确定不致引起滑块移动的最大铅垂力 $\boldsymbol{P}$。

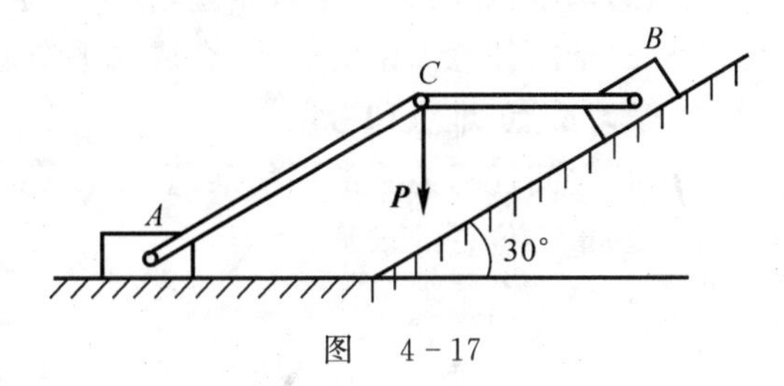

图　4－17

6. 如图 4－18 所示，匀质细杆 AB 重为 $P=360$ N，A 端搁置在光滑水平面上，并通过柔绳绕过滑轮悬挂一重为 $\boldsymbol{G}$ 的物块 C；B 端靠在铅垂的墙面上，已知 B 端与墙间的摩擦因数 $f_s=0.1$。试求在下述情况下 B 端受到的滑动摩擦力：(1)$G=200$ N；(2)$G=170$ N。

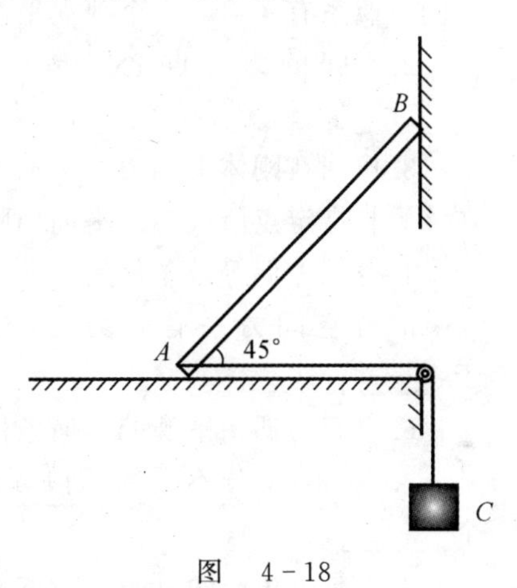

图　4－18

第五章　空间力系

内容导学

主要知识点：

(1)基本概念：力对点的矩，力对轴的矩，力偶矩矢，力螺旋。

(2)基本原理：力线平移定理，合力矩定理。

(3)空间任意力系的简化、合成与平衡，重心的求法。

学习重点、难点和考点：

(1)空间任意力系的平衡问题。

(2)重心位置的求解。

同步练习

一、填空题

1.空间汇交力系有________个独立平衡方程，空间平行力系有________个独立平衡方程，空间力偶系有________个独立平衡方程。

2.空间的力对点之矩是________量；空间力偶矩矢是________量；力对轴之矩是________量。

3.作用在刚体上的力可平衡到刚体上任意指定点，欲不改变该力对刚体的作用效果，必须在该力与指定点所决定的平面内附加一力偶，其________等于该力________。

4.空间力偶等效条件是________。

5.若空间力系有合力时，合力对任一点之矩矢等于________；合力对某轴之矩等于________。

6.空间力偶系平衡的几何条件是________。

7.空间力系若不平衡，则其最终的合成结果：或者是一个力；或者是一个力偶；或者是一个________。

8.沿长方体三个互不平行的棱边分别作用有大小均等于 P 的力(见图 5-1)。若这三个力向 O 点的简化结果是一个合力，则长方体三个棱边 a,b,c 应满足________关系。

9.如图 5-2 所示的立方体的边长分别为 a,b,c，在其上沿 AB 方向有力 $\boldsymbol{P}$ 的作用，则该力在轴 x,y,z 的投影分别是________；________；________。力 $\boldsymbol{P}$ 对轴 x,y,z 的矩分别是________；________；________。

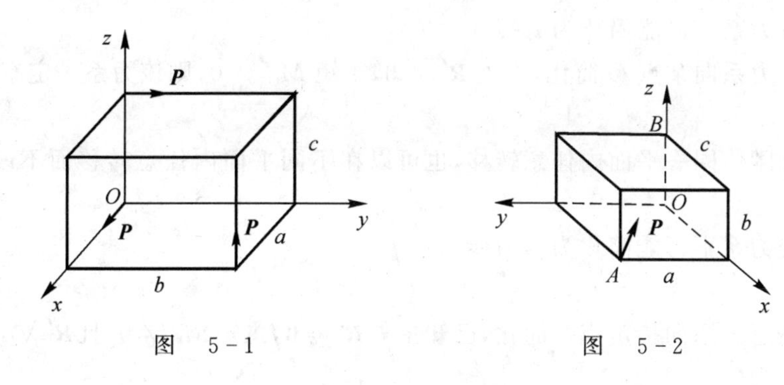

图　5-1　　　　图　5-2

10. 填写表 5-1。

表　5-1

力系名称		平衡方程的基本形式	独立方程数目
平面力系	平面任意力系		
	平面平行力系		
	平面汇交力系		
	平面共线力系		
	平面力偶系		
空间力系	空间任意力系		
	空间平行力系		
	空间汇交力系		
	空间力偶系		

11. 图 5-3 所示为一空间直角曲杆。已知 a,b,c 和角 θ，$\boldsymbol{F}$ 为主动力。

$F_x=$__________，　$m_x(F)=$__________；　$F_y=$__________，　$m_y(F)=$__________；

$F_z=$__________，　$m_z(F)=$__________；　$m_O(F)=$__________

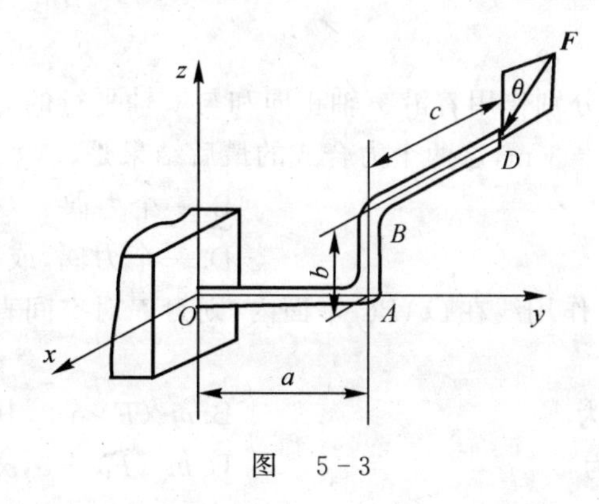

图　5-3

二、判断题

1. 空间力对点之矩在任一轴上的投影，等于力对该轴之矩。　　（　　）

2. 空间平行力系不可能简化为力螺旋。（　　）

3. 空间任意力系向某点 O 简化，主矢 $\boldsymbol{R}' \neq \boldsymbol{0}$，主矩 $M_O \neq 0$，则该力系一定有合力。（　　）

4. 力偶可在刚体同一平面内任意转移，也可以在不同平面内任意转移而不改变力偶对刚体的作用。（　　）

5. 空间汇交力系不可能简化为合力偶。（　　）

三、选择题

1. 某空间任意力系向指定点 O 简化，已知主矢 $\boldsymbol{R}' \neq \boldsymbol{0}$，主矩 $M_O \neq 0$，且 $\boldsymbol{R}' \nparallel \boldsymbol{M}_O$ 又 $\boldsymbol{R}' \not\perp \boldsymbol{M}_O$，则该力系可简化为（　　）。

A. 合力　　B. 合力偶　　C. 力螺旋　　D. 平衡

2. 图 5-4 为一空间平行平衡力系，其中各力作用线与 Oz 轴平行，试写出该力系相互独立的平衡方程。（　　）

A. $\sum F_x = 0, \sum F_z = 0, \sum m_x(F) = 0$

B. $\sum F_x = 0, \sum F_z = 0, \sum m_y(F) = 0$

C. $\sum F_x = 0, \sum F_y = 0, \sum m_z(F) = 0$

D. $\sum F_z = 0, \sum m_x(F) = 0, \sum m_y(F) = 0$

E. $\sum F_z = 0, \sum m_y(F) = 0, \sum m_z(F) = 0$

3. 棱长为 a 的正方体沿棱作用的力，组成三个力偶，如图 5-5(1)(2) 所示。试问这两组力偶系哪一组可能平衡，哪一组不可能平衡？（　　）

A. (a) 可能平衡，(b) 不可能平衡　　B. (a) 不可能平衡，(b) 可能平衡

C. (a) 和 (b) 都可能平衡　　D. (a) 和 (b) 都不可能平衡

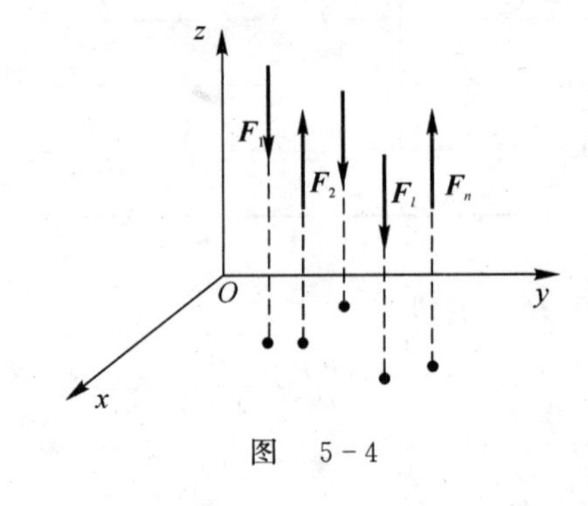

图　5-4

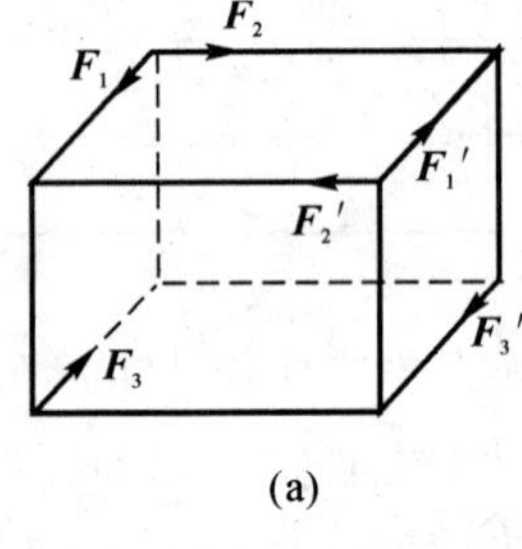

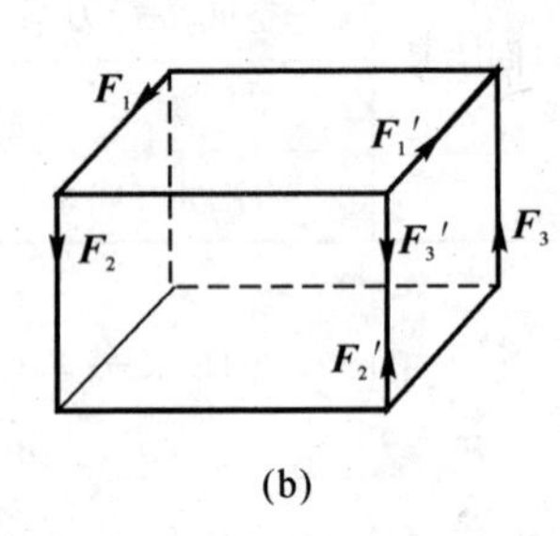

图　5-5

4. 在 z 轴的点 O 和 A，分别作用着沿 x 轴正向和与 y 轴平行的力 $\boldsymbol{F}_1$ 和 $\boldsymbol{F}_2$（见图 5-6），其中 $F_1 = 4$ N，$F_2 = 8$ N，$OA = 3$ m，这两个力合成的最后结果是（　　）。

A. 一个力　　B. 一个力偶

C. 一个力螺旋　　D. 一个力偶，或一个力螺旋

5. 如图 5-7 所示，力 $\boldsymbol{F}$ 作用线在 $OABC$ 平面内，则力 $\boldsymbol{F}$ 对空间直角坐标系 Ox，Oy，Oz 轴之矩，正确的是（　　）。

A. $m_x(F) = 0$，其余不为零　　B. $m_y(F) = 0$，其余不为零

C. $m_z(F) = 0$，其余不为零　　D. $m_x(F) = 0, m_y(F) = 0, m_z(F) = 0$

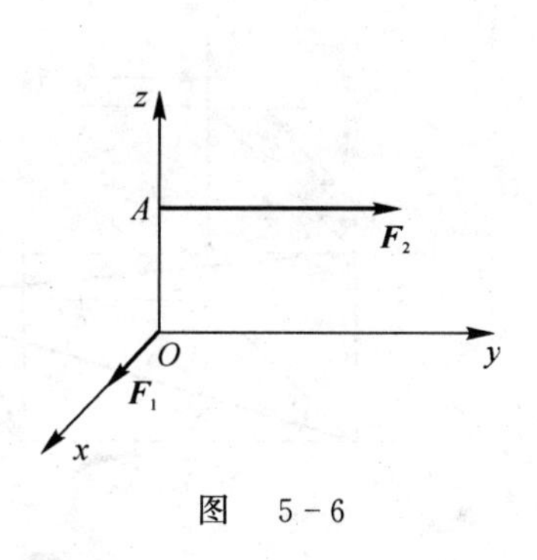

图　5-6

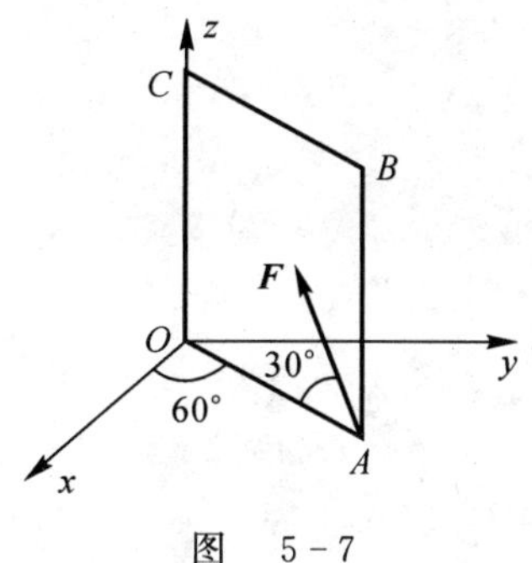

图　5-7

6. 空间同向平行力系 $\boldsymbol{F}_1,\boldsymbol{F}_2,\boldsymbol{F}_3$ 和 $\boldsymbol{F}_4$，如 5-8 所示。该力系向 O 点简化，主矢为 $\boldsymbol{R}'$，主矩为 $\boldsymbol{M}_O$，则(　　)。

A. 主矢、主矩均不为零，且 $\boldsymbol{R}'$ 平行于 $\boldsymbol{M}_O$　　B. 主矢、主矩均不为零，且 $\boldsymbol{R}'$ 垂直于 $\boldsymbol{M}_O$

C. 主矢、主矩均不为零，且 $\boldsymbol{R}'$ 不平行于 $\boldsymbol{M}_O$　　D. 主矢不为零，主矩为零

E. 主矢为零，主矩不为零

7. 如图 5-9 所示，z 轴过长方体对角线 BH，长方体长、宽、高分别为 $AB=a,BC=b,CG=c$，力 $\boldsymbol{P}$ 沿 AE 方向，则力 $\boldsymbol{P}$ 对 z 轴的矩为(　　)。

A. $\dfrac{pab}{\sqrt{a^2+b^2+c^2}}$　　B. pa

C. $\dfrac{pab}{\sqrt{a^2+b^2}}$　　D. $\dfrac{pac}{\sqrt{a^2+b^2+c^2}}$

8. 一平面任意力系向点 A 简化后，得到如图 5-10 所示的主矢 $\boldsymbol{R}'$ 和主矩 L_A，则该力系的最后合成结果应是(　　)。

A. 作用在点 A 左边的一个合力　　B. 作用在点 A 右边的一个合力

C. 作用在点 A 的一个合力　　D. 一个合力偶

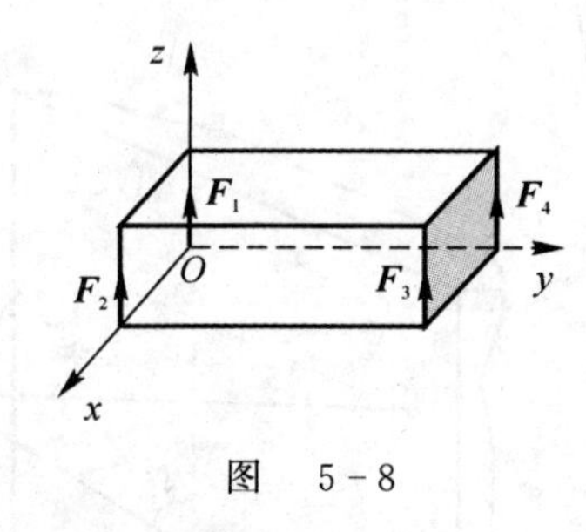

图　5-8

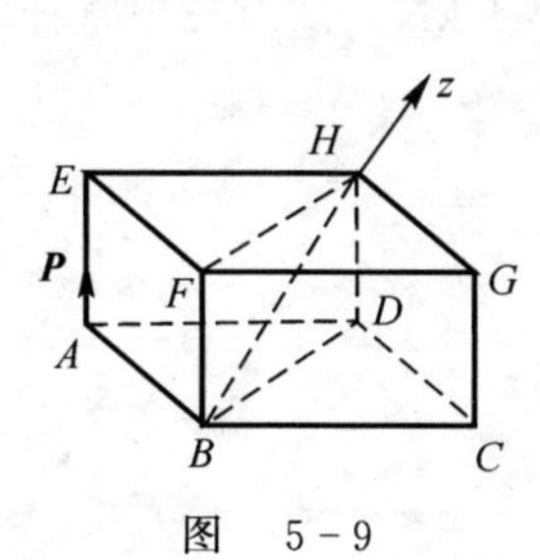

图　5-9

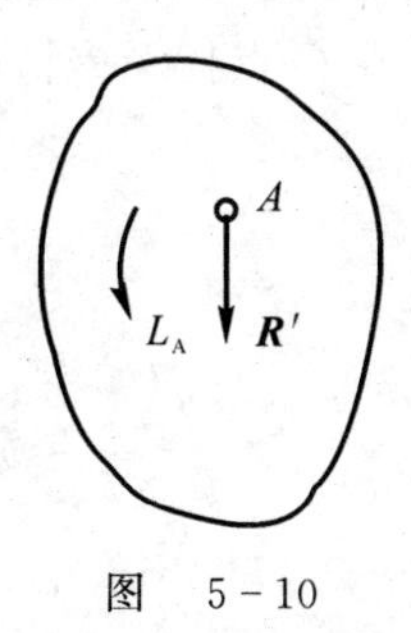

图　5-10

四、计算题

1. 立方体的各边和作用在该物体上各力的方向如图 5-11 所示，各力的大小分别是：$F_1=100$ N，$F_2=50$ N，$OA=4$ cm，$OB=5$ cm，$OC=3$ cm。求力 $\boldsymbol{F}_1,\boldsymbol{F}_2$ 分别在 x,y,z 轴上的投影。

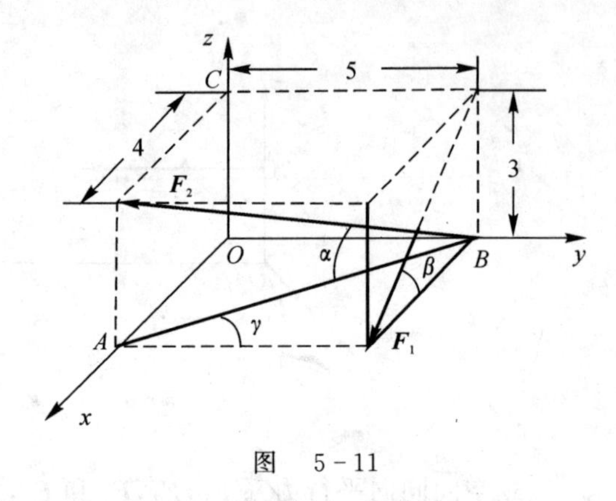

图 5-11

2. 如图 5-12 所示立方体的 C 点作用一力 $\boldsymbol{F}$，已知 $F=800$ N，$\alpha=60°$，$\theta=45°$。试求：(1) 该力 $\boldsymbol{F}$ 在坐标轴 x，y，z 上的投影；(2) 力 $\boldsymbol{F}$ 沿 CA 和 CD 方向分解所得的两个分力 $\boldsymbol{F}_{CA}$，$\boldsymbol{F}_{CD}$ 的大小。

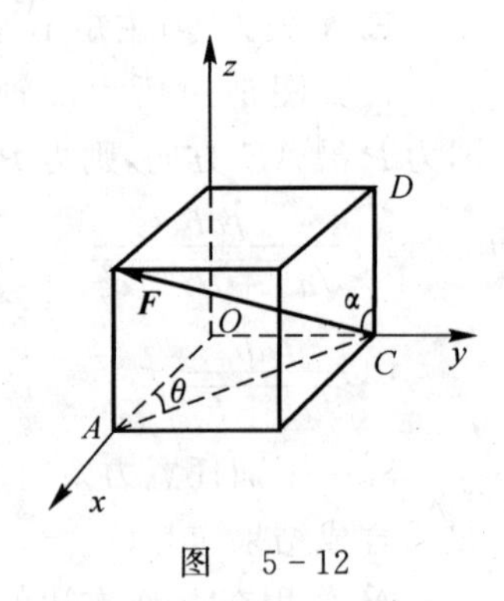

图 5-12

3. 如图 5-13 所示，挂物架的 O 点为一球形铰链，不计杆重。OBC 为一水平面，且 $OB=OC$。若在 O 点挂一重物重 $P=1$ kN。试求三根直杆的内力。

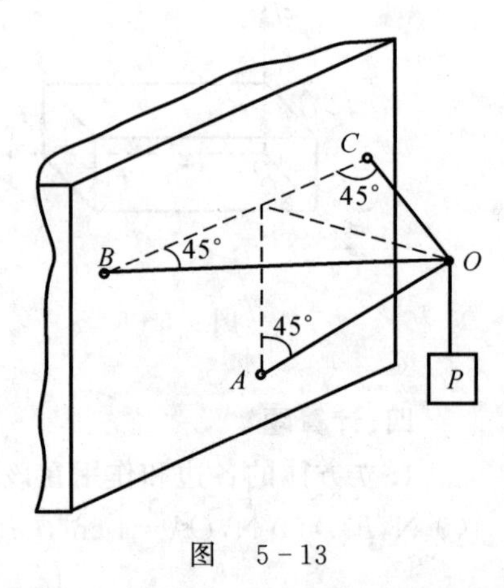

图 5-13

4. 如图 5-14 所示，一物体由 3 个圆盘 A，B，C 和轴组成。圆盘半径分别是 $r_A=15$ cm，$r_B=10$ cm，$r_C=5$ cm。轴 OA，OB 和 OC 在同一平面内，且 $\angle BOA=90°$。在这三个圆盘的边

缘上各自作用力偶($\boldsymbol{P}_1,\boldsymbol{P'}_1$)($\boldsymbol{P}_2,\boldsymbol{P'}_2$)和($\boldsymbol{P}_3,\boldsymbol{P'}_3$)而使物体保持平衡，已知 $P_1=100$ N，$P_2=200$ N，不计自重，求力 $\boldsymbol{P}_3$ 和角 α。

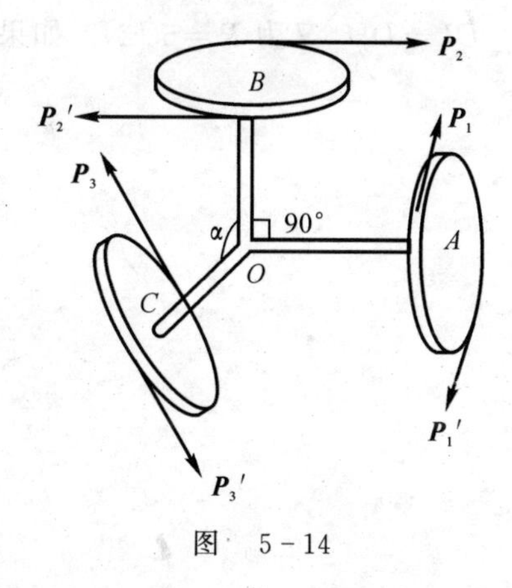

图　5－14

5. 立方体的各边和作用在该物体上各力的方向如图 5－15 所示，各力的大小分别是：$F_1=100$ N，$F_2=50$ N，$OA=4$ cm，$OB=5$ cm，$OC=3$ cm。求图中力 $\boldsymbol{F}_1$，$\boldsymbol{F}_2$ 分别对轴 x,y,z 的力矩。

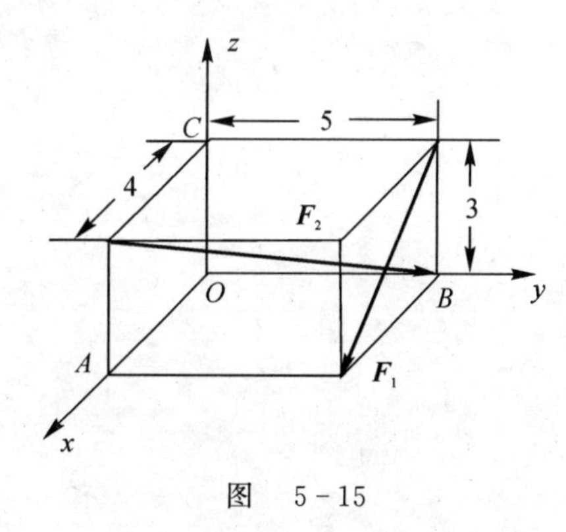

图　5－15

6. 四面体的三条棱 AO,BO,CO 相互垂直，且 $AO=BO=CO=a$，沿六条棱作用大小相等的力 $\boldsymbol{F}$，方向如图 5－16 所示。试将该力系向 O 点简化，并求出最终简化结果。

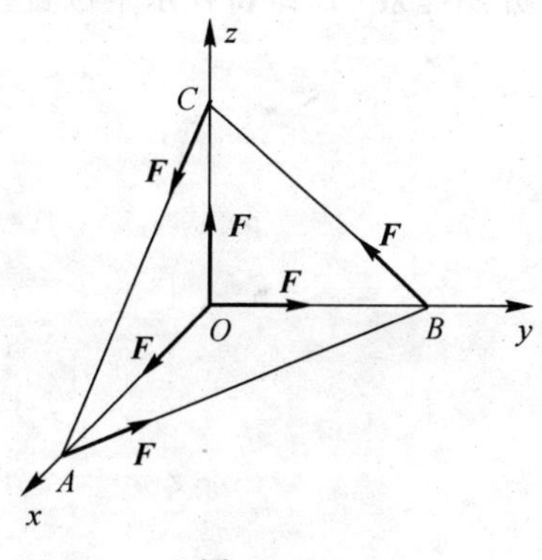

图　5－16

7. 图 5-17 所示为对称空间支架，由双铰刚杆 1,2,3,4,5,6 构成，在节点 A 上作用一力 $\boldsymbol{P}$，该力在铅直对称面 $ABCD$ 内，并与铅直线成 $\alpha=45°$ 角。已知距离 $AC=CE=CG=BD=DF=DI=DH$，又力 $P=5$ kN。如果不计各杆重量，求各杆的内力。

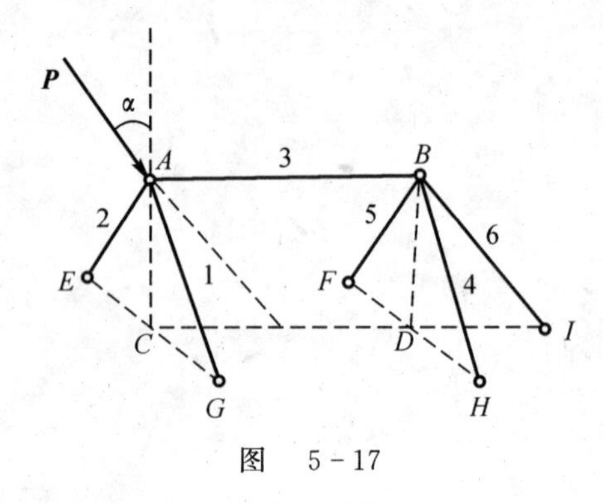

图 5-17

8. 如图 5-18 所示，起重绞车的轴装在向心推力轴承 A 和向心轴承 B 上，已知作用在手柄上力的大小 $P=500$ N。求当匀速提升重物时，重物的重量 Q 及轴承 A，B 的反力。图中长度单位为 cm，轮子半径为 10 cm。

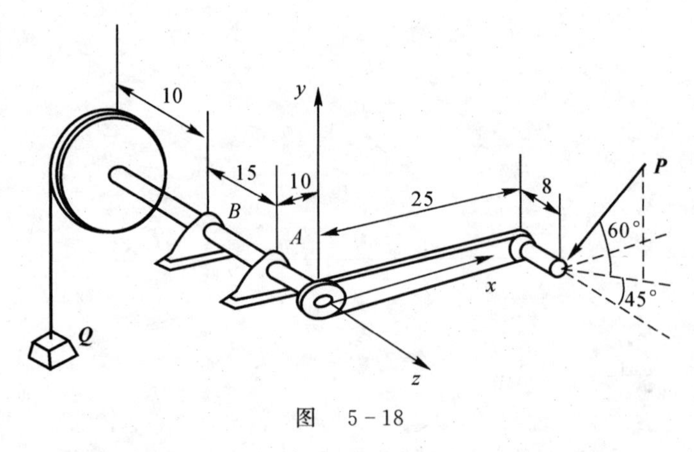

图 5-18

9. 图 5-19 所示均质矩形板 $ABCD$ 重为 $\boldsymbol{W}$，用球铰链 A 和蝶形铰链（合页）B 固定在墙上，并用绳索 CE 维持在水平位置。求：(1) A 处的约束力；(2) 绳 CE 的拉力。

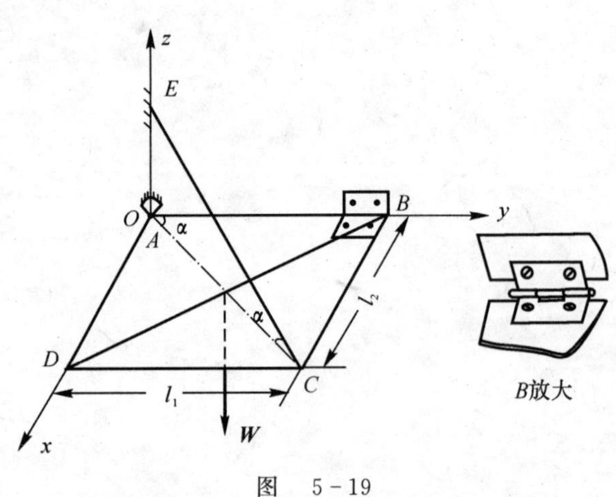

图 5-19

10. 如图 5-20 所示，某拖拉机变速箱的传动轴上固定地装有圆锥直齿齿轮 C 和圆柱直齿齿轮 D，传动轴装在向心轴承 A 和向心止推轴承 B 上。已知作用在圆锥齿轮上互相垂直的三个分力的大小：$F_1=5.08$ kN，$F_2=1.10$ kN，$F_3=14.30$ kN，方向如图所示。作用点的平均半径 $r_1=50$ mm，齿轮 D 的节圆半径 $r=76$ mm，压力角 $\alpha=20°$。当传动轴匀速转动时，求作用在齿轮 D 上的周向力 $\boldsymbol{P}$ 的大小以及轴承 A 和 B 的反力。图中长度单位为 mm，自重和摩擦都忽略不计。

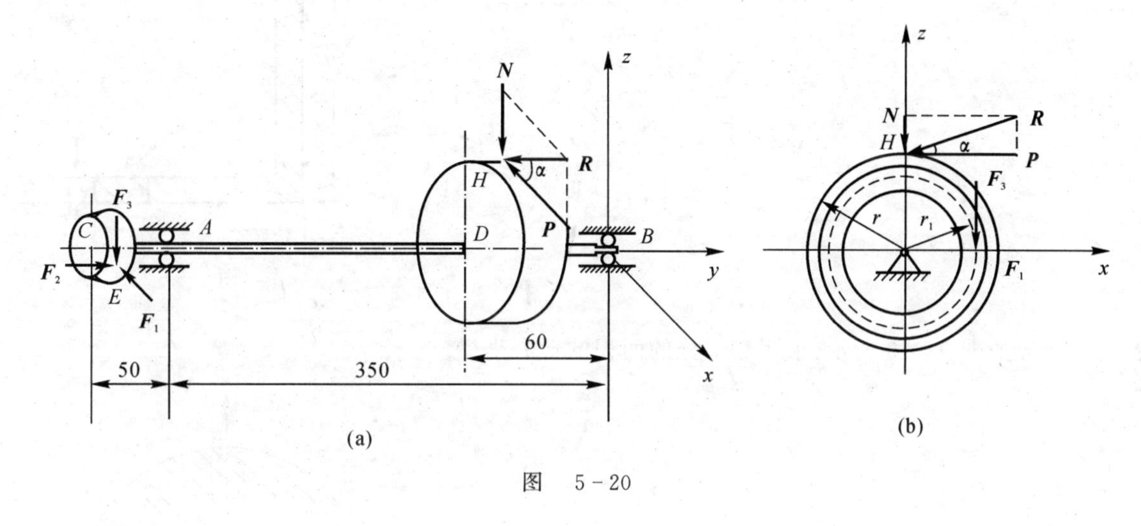

图　5-20

11. 试求图 5-21 所示振动沉桩器中的偏心块的重心。已知：$R=10$ cm，$r=1.7$ cm，$b=1.3$ cm。

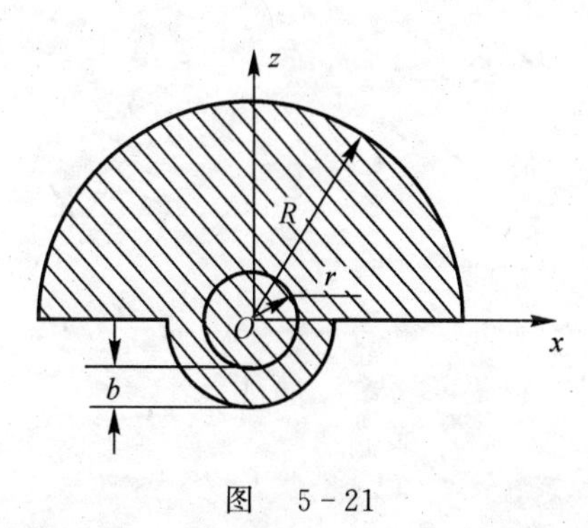

图　5-21

12. 试求图 5-22 所示型材剖面的形心位置。图中长度单位为 mm。

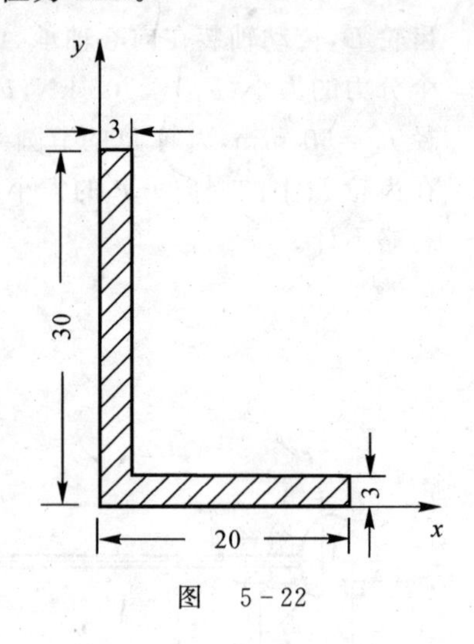

图 5-22

13. 如图 5-23 所示，求阴影部分的面积的形心坐标。

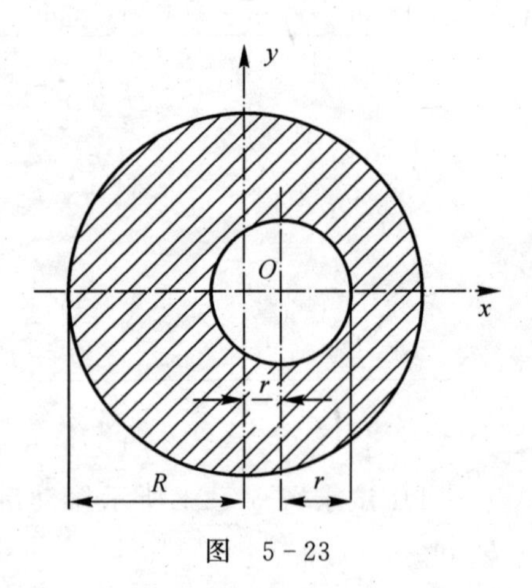

图 5-23

第六章 转动惯量

内容导学

主要知识点:

(1)基本概念:转动惯量,惯性积,惯性主轴,中心惯性主轴。

(2)基本原理:转动惯量的平行轴定理,质量对称分布刚体的惯性主轴方向的判定定理。

学习重点和考点:

质量对称分布刚体的转动惯量的求法。

同步练习

1. 已知图 6-1 所示匀质杆 AB 长 l,质量是 M;垂直于杆的两平行轴 z_1 和 z_2 间的距离 $d=\frac{3}{4}l$,z_1 轴通过杆端 A。求杆 AB 对 z_2 轴的转动惯量。

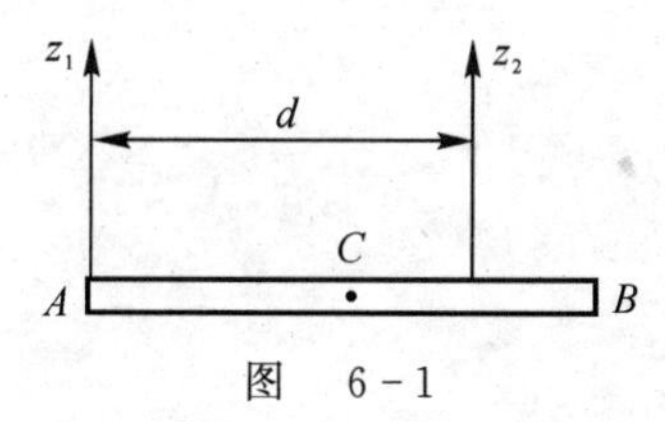

图 6-1

2. 图 6-2 所示为某齿轮轴的简化图,试求它对中心 z 轴的转动惯量,齿轮轴材料的密度 $\sigma=7\ 850\ \mathrm{kg/m^3}$,图示长度单位是 mm。

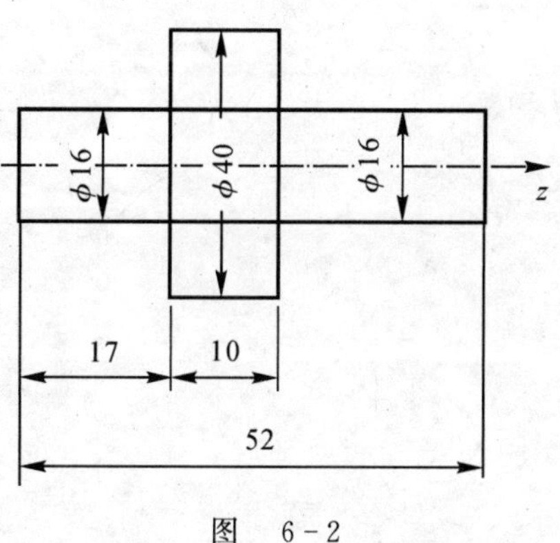

图 6-2

3. 试求图 6 3 所示空心圆柱对中心 z 轴的转动惯量。已知该圆柱的质量是 M，外半径是 r_1，内半径是 r_2。

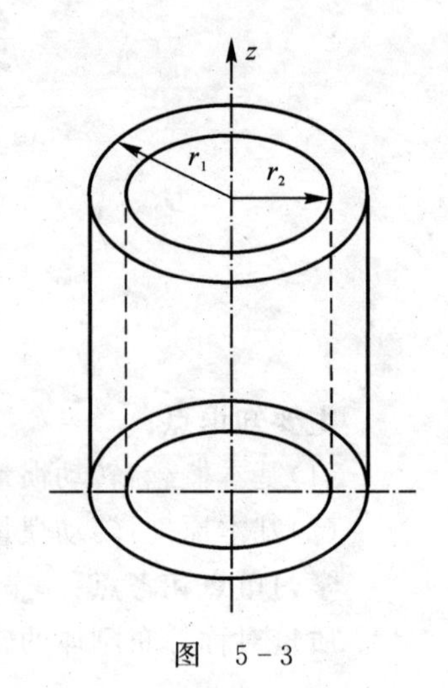

图 5-3

第七章 点的运动

内容导学

主要知识点：

点的运动方程，速度，加速度描述的矢量法，直角坐标法和自然坐标法。

学习重点、难点和考点：

(1)直角坐标法求解点的运动方程、速度、加速度和运动轨迹。

(2)自然法求解点的运动方程、速度、加速度和运动轨迹。

同步练习

一、判断题

1. 点做曲线运动时，位移是矢量。点做直线运动时，位移不是矢量。 (　　)

2. 点做曲线运动，在 t_1 瞬时速度是 v_1，在 t_2 瞬时速度是 v_2，在 t_1 到 t_2 的时间间隔内点的平均加速度的大小 $a^* = (v_2 - v_2)/(t_2 - t_2)$。 (　　)

3. 在实际问题中，只存在加速度为零而速度不为零的情况，不存在加速度不为零而速度为零的情况。 (　　)

4. 点做曲线运动时，即使加速度的方向始终与速度方向垂直，点也不一定做匀速圆周运动。 (　　)

5. 点的法向加速度与速度大小的变化率无关。 (　　)

二、选择题

1. 点的运动速度用(　　)表示。

A. 矢量　　B. 标题　　C. 绝对值

2. 点的加速度可由速度对时间求导数求得，其表达式为(　　)。

A. $a = \frac{dv_\tau}{dt}$　　B. $a = \frac{dv}{dt}$　　C. $a = \frac{d|v|}{dt}$

3. 点的加速度在副法线轴上的投影(　　)。

A. 可能为零　　B. 一定为零　　C. 一定不为零

4. 点做圆周运动，如果知道法向加速度越来越大，点运动的速度(　　)。

A. 越变越大　　B. 越变越小　　C. 越变越大还是越变越小不确定

5. 点做直线运动，某瞬时速度 $v_x = \dot{x} = 2$ m/s，瞬时加速度 $a_x = \ddot{x} = -2$ m/s^2，则 1 s 以后点的速度(　　)。

A. 等于零　　B. 等于 -2 m/s　　C. 不能确定

6. 点做曲线运动时，(　　)出现速度和加速度同时等于零的瞬时。

A. 有可能　　　　　　　　B. 没有可能

7. 点做加速直线运动时，速度从零开始越变越大，如果测量出开始运动后几秒钟内经过的路程，(　　)计算出加速度的大小。

A. 一定能　　　　　　　　B. 也不能

8. 点做直线运动，运动方程 $x=15t-t^2$，x 的单位是 cm，t 的单位是 s。当 $t=3$ s 时，$x=9$ cm，可以计算出点在 3 秒钟内经过的路程为(　　)。

A. 9 cm　　　　　　　　B. 25 cm　　　　　　　　C. 23 cm

9. 点做圆周运动，弧坐标的原点在 O 点，顺时针方向为弧坐标的正方向，运动方程 $S=\pi Rl^2/2$，S 的单位是 cm，t 的单位是 s。轨迹图形和直角关系如图 7-1 所示。当点第一次到达 y 坐标值最大的位置时，点的加速度在 x 轴和 y 轴的投影分别为(　　)。

A. $a_x=\pi R, a_y=2\pi^2 R$　　B. $a_x=-\pi R, a_y=\pi^2 R$　　C. $a_x=\pi R, a_y=-\pi^2 R$

10. 在介质中，上抛一质量为 m 的小球，已知小球所受阻力 $R=-kv$，坐标选择如图 7-2 所示，试写出上升段与下降段小球的运动微分方程，上升段(　　)，下降段(　　)。

A. $m\ddot{x}=-mg-k\dot{x}$　　　　B. $m\ddot{x}=-mg+k\dot{x}$

C. $-m\ddot{x}=-mg-k\dot{x}$　　　　D. $-m\ddot{x}=-mg+k\dot{x}$

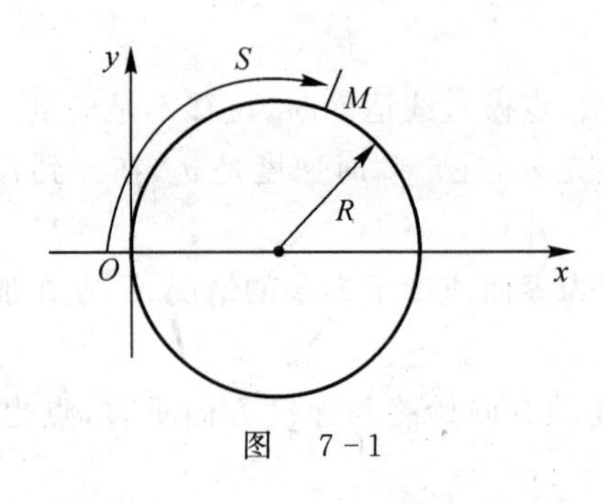

图 7-1

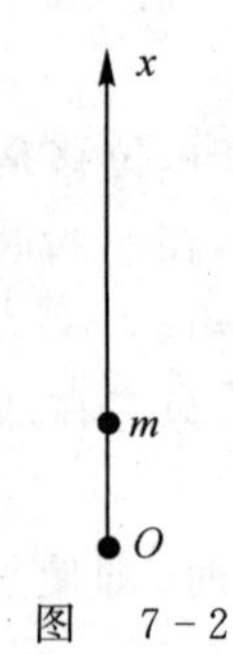

图 7-2

三、计算题

1. 如图 7-3 所示，椭圆规尺长 $AB=40$ cm，曲柄长 $OC=20$ cm，且 $AC=CB$。如曲柄以匀角速度 $\omega=\pi$ rad/s 绕 O 轴转动(ω 为曲柄在单位时间内转过的角度)，且已知：$AM=10$ cm。求：(1) 尺上 M 点的运动方程和轨迹方程；(2) $t=0$ 和 $t=1/2$ s 时的 M 点的速度和加速度。

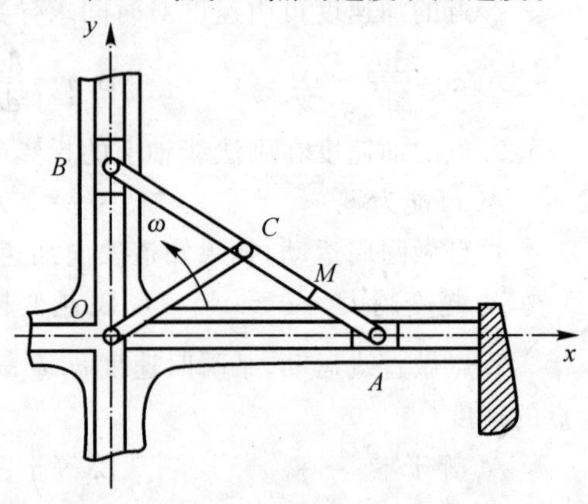

图 7-3

2. 如图 7-4 所示，海船 A 对固定标点 O 保持不变的方位角 α（即船 A 的速度 $\boldsymbol{v}$ 与 OA 正向夹角），试以极坐标（$OA=r,\varphi$）表示船 A 航线的方程，设开始时 $\varphi=0,r=r_0$。讨论当 $\alpha=0$，$\pi/2,\pi$ 时的三种特殊情况。

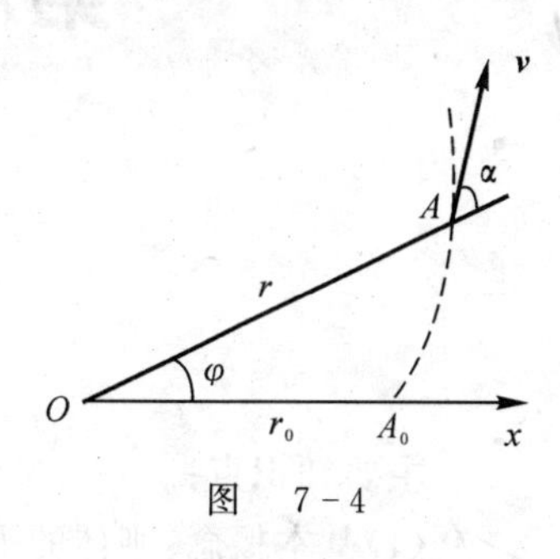

图　7-4

3. 点 M 的运动由下列方程给定：$x=t^2$，$y=t^3$（x，y 以 cm 计，t 以 s 计），试求轨迹在点(1,1)处的曲率半径。

4. 小环 M 同时套在细杆 OA 和半径为 r 的固定大圆圈上，如图 7-5 所示。细杆 OA 绕大圆圈上的固定点 O 转动，它与水平直径的夹角 $\varphi=\omega t$，其中 ω 为常数。试求小环 M 的运动方程以及它的速度与加速度的大小。

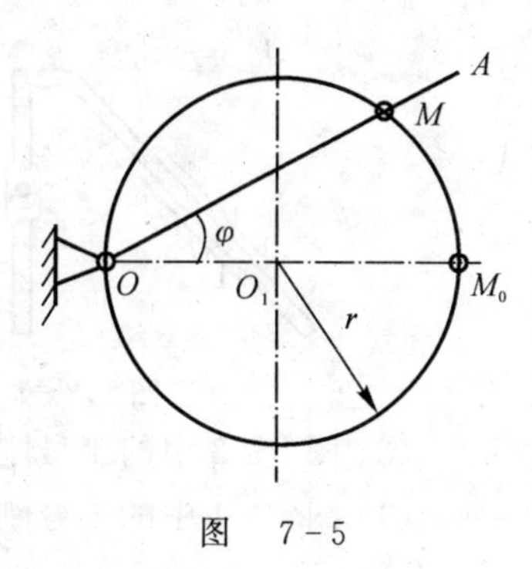

图　7-5

第八章　刚体的基本运动

内容导学

主要知识点：

(1)基本概念：刚体的平动，刚体的定轴转动。

(2)平动刚体的运动特征，定轴转动刚体的运动特征，定轴转动刚体上各点的运动，泊松公式。

学习重点、难点和考点：

(1)平动刚体上各点的速度、加速度。

(2)定轴转动刚体上各点的速度、加速度的求解。

同步练习

一、填空题

判断以下各图形中的1号刚体和2号刚体各做什么形式的运动。将答案填在括号内。

(1) 图8-1中的1号刚体做(　　)，2号刚体做(　　)。

(2) 图8-2中的1号刚体做(　　)，2号刚体做(　　)。图8-2中，$\overline{O_1A}=\overline{O_2B}$，$\overline{AB}=\overline{O_1O_2}$。

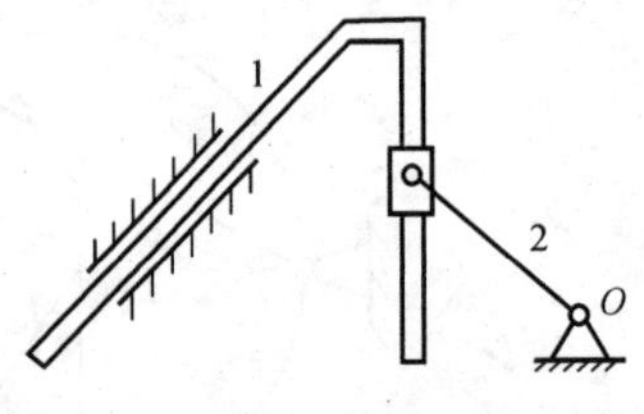

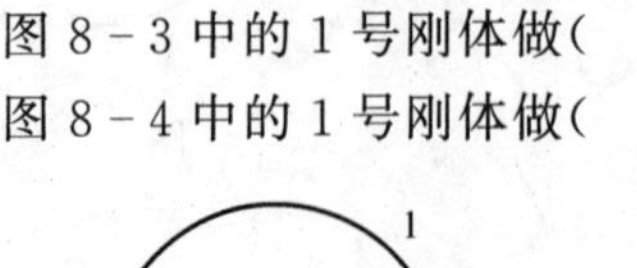

图　8-1

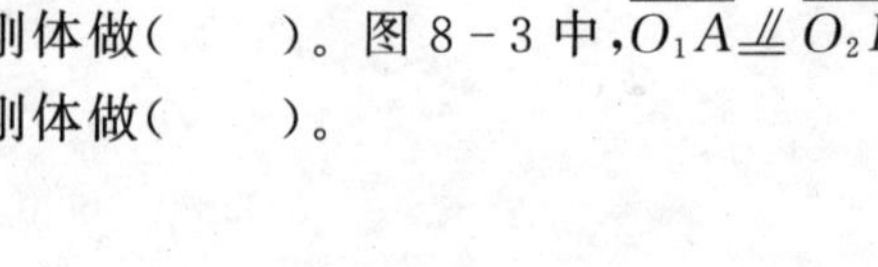

图　8-2

(3) 图8-3中的1号刚体做(　　)，2号刚体做(　　)。图8-3中，$\overline{O_1A}\mathrel{\underline{\parallel}}\overline{O_2B}$。

(4) 图8-4中的1号刚体做(　　)，2号刚体做(　　)。

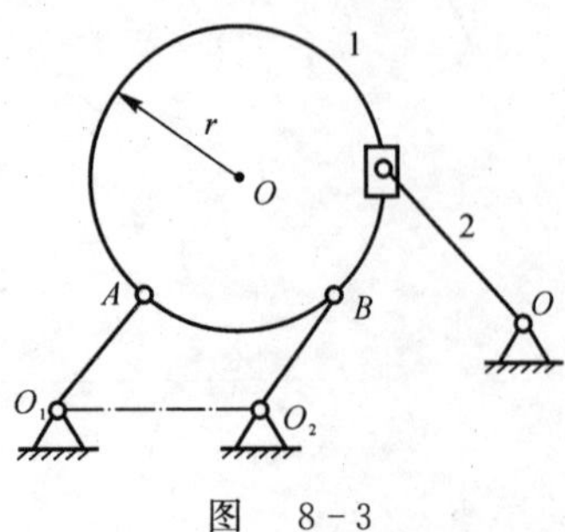

图　8-3

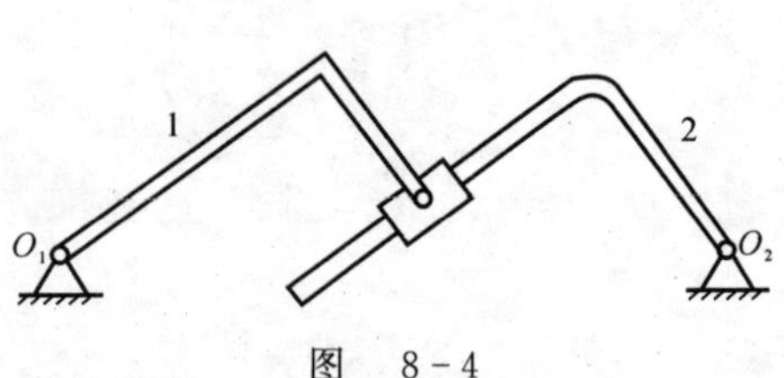

图　8-4

二、判断题

1. 平动刚体上的点的运动轨迹不可能是空间曲线。（　　）

2. 某瞬时平动刚体上各点的速度大小相等而方向可以不同。（　　）

3. 定轴转动刚体上的直线如果与转轴平行，则此直线上各点的速度大小和方向必定相同。（　　）

4. 定轴转动刚体的固定转轴不能在刚体的外形轮廓之外。（　　）

5. 当定轴转动刚体的角加速度为正值时，刚体一定愈转愈快。（　　）

6. 定轴转动刚体的同一半径线上点的速度矢量相互平行，全加速度矢量也一定相互平行。（　　）

7. 两个半径不等的摩擦轮外接触转动，如果不出现打滑现象，两接触点在此瞬时的速度相等，切向加速度也相等。（　　）

8. 已知某瞬时刚体上各点的速度矢量都相等，而加速度矢量不相等，则此刚体不可能做平动。（　　）

9. 如果知道定轴转动刚体上某一点的法向加速度，就可以求得刚体转动的角速度的大小和转向。（　　）

10. 滑轮上绕粗细可忽略的细绳，绳与轮之间无相对滑动，绳端系重物A（见图8-5）。重物A的加速度大小与滑轮边缘B点的加速度大小一定相等。（　　）

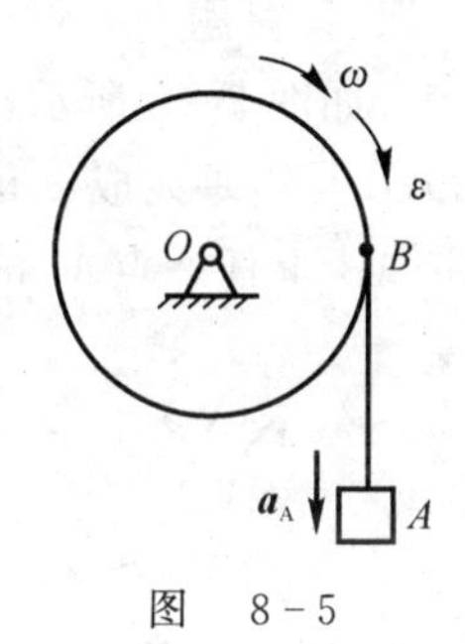

图　8-5

三、选择题

1. 汽车左转弯时，已知车身做定轴转动，汽车左前灯A的速度大小为v_A，汽车右前灯的速度大小为v_B，A与B之间的距离为b，则汽车定轴转动的角速度大小为（　　）。

A. $\frac{v_B}{b}$　　B. $\frac{v_A+v_B}{b}$　　C. $\frac{v_B-v_A}{b}$

2. 时钟上分针转动的角速度是（　　）。

A. $\frac{1}{60}$ rad/s　　B. $\frac{\pi}{30}$ rad/s　　C. 2π rad/s

3. 定轴转动刚体上点的速度可以用矢积表示，它的表达式为（　　）；刚体上点的加速度可以用矢积表示，它的表达式为（　　）。

A. $\boldsymbol{v}=\boldsymbol{\omega}\times\boldsymbol{r}$　　B. $\boldsymbol{v}=\boldsymbol{r}\times\boldsymbol{\omega}$

C. $\boldsymbol{v}=\boldsymbol{\omega}\cdot\boldsymbol{r}$　　D. $\boldsymbol{a}=\boldsymbol{\varepsilon}\times r+\boldsymbol{\omega}\times\boldsymbol{r}$

E. $\boldsymbol{a}=\boldsymbol{r}\times\boldsymbol{\varepsilon}+\boldsymbol{v}\times\boldsymbol{\omega}$　　F. $\boldsymbol{a}=\boldsymbol{\varepsilon}\times\boldsymbol{r}+\boldsymbol{\omega}\times\boldsymbol{v}$

4. 设1,2,3为定轴传动轮系（见图8-6），若轮1的角速度已知，轮3的角速度的大小与轮2的齿数（　　），与轮1和轮3的齿数（　　）。

A. 有关　　B. 无关

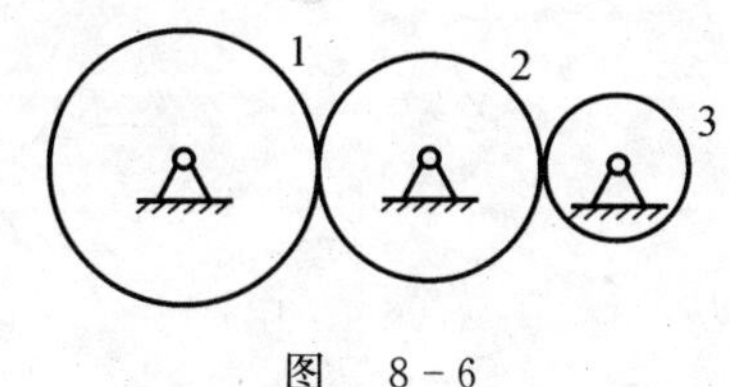

图　8-6

5. 每段长度相等的直折杆在图示平面内绕O轴转动，角速度ω为顺时针转向，M点的速度方向如图 8-7 中的(　　)所示。

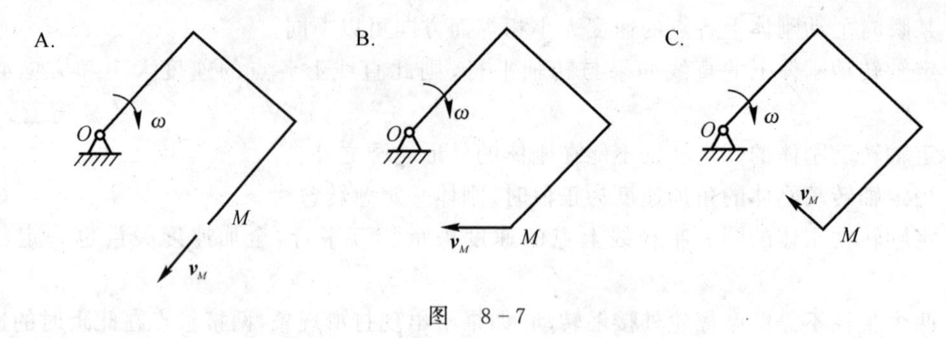

图　8-7

四、计算题

1. 如图 8-8 所示，在输送散粒的振动式运输机中，$OO_1=AB$，$OA=O_1B=l$，如某瞬时曲柄O_1B与铅垂线成φ角，且该瞬时角速度与角加速度分别为ω_0与α_0，转向如图所示。试求运输带AB上任一点M的速度与加速度，并画出速度矢、加速度矢。

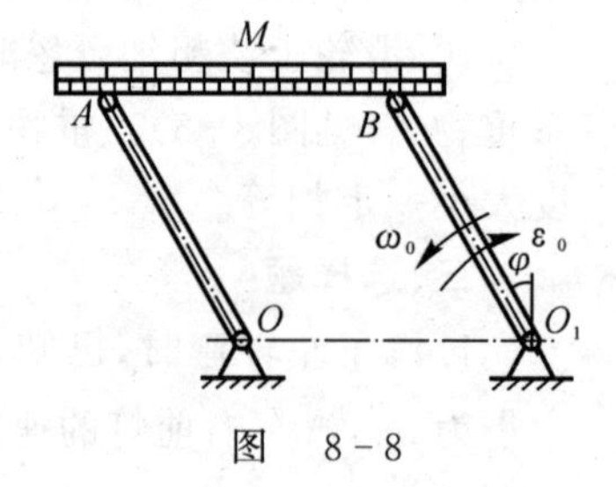

图　8-8

2. 如图 8-9 所示，在千斤顶机构中，当手柄A转动时，齿轮 1,2,3,4 与 5 即随着转动，并带动齿条B运动，如手柄A的转速为 30 r/min，齿轮的齿数：$Z_1=6$，$Z_2=24$，$Z_3=8$，$Z_4=32$，第五齿轮的节圆半径$r=4$ cm，求齿条B的速度。

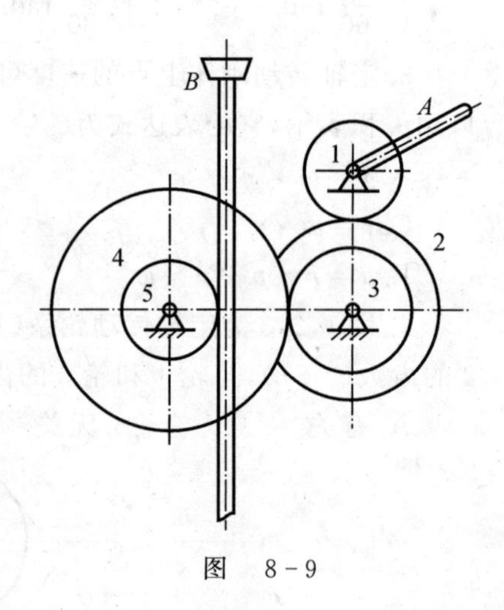

图　8-9

3. 如图 8-10 所示，半径都是 $2r$ 的一对平行曲柄 O_1A 和 O_2B 以匀角速度 ω_0 分别绕轴 O_1 和 O_2 转动，固连于连杆 AB 的中间齿轮 Ⅱ 带动同样大小的定轴齿轮 Ⅰ，试求齿轮 Ⅰ 节圆上任一点的加速度的大小。

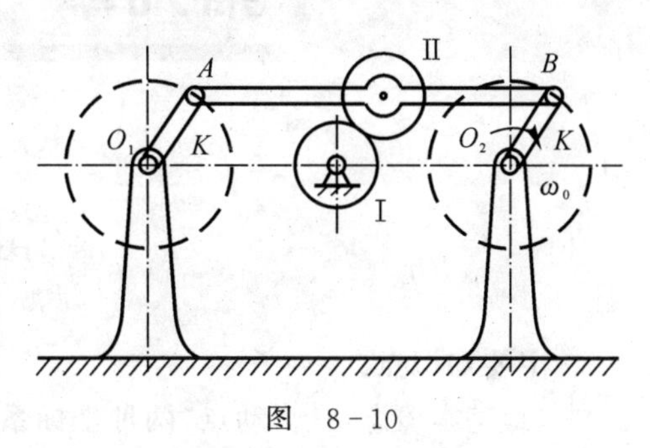

图　8-10

第九章　点的复合运动

内 容 导 学

主要知识点：

(1)基本概念：一个动点，两种坐标系，三种运动，三种速度和加速度。

(2)基本定理：点的复合运动的速度合成定理和加速度合成定理。

学习重点、难点和考点：

(1)牵连点，牵连速度，牵连加速度，科氏加速度。

(2)点的复合运动的速度合成定理，牵连运动是平动和定轴转动时的加速度合成定理。

同 步 练 习

一、填空题

1. 合理选择图 9-1 所示机构的动点、动系，并画出速度矢量图。

动点________________________________；

动系________________________________；

速度矢量图________________________________。

2. 合理选择图 9-2 所示机构的动点、动系，并画出速度矢量图。

动点________________________________；

动系________________________________；

速度矢量图________________________________。

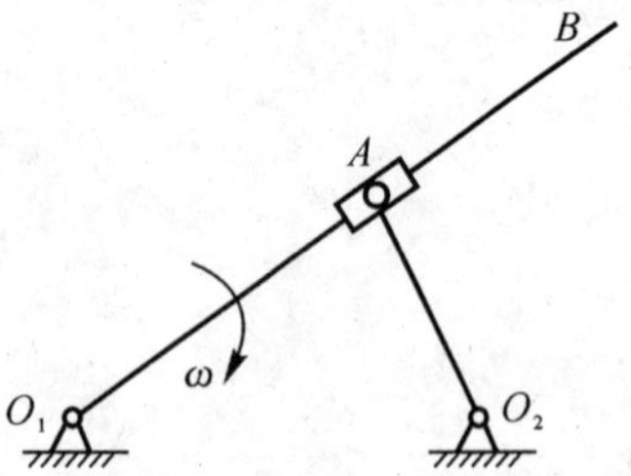

图 9-1

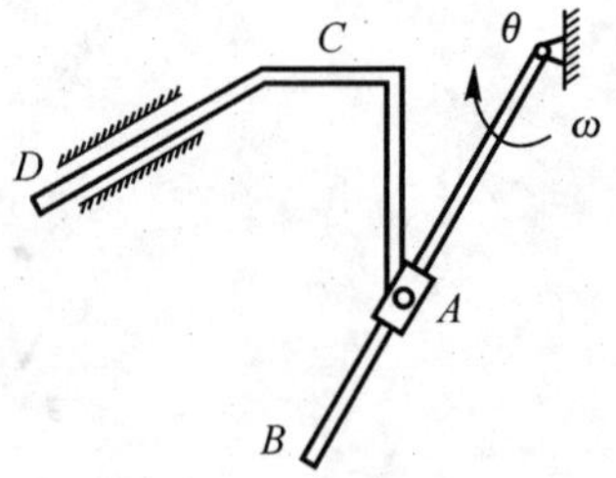

图 9-2

3. 合理选择图 9-3 所示机构的动点、动系，并画出速度矢量图。

动点________________________________；

动系________________________________；

速度矢量图________________________________。

4.合理选择图 9-4 所示机构的动点、动系,并画出速度矢量图。

动点________________________;

动系________________________;

速度矢量图________________________。

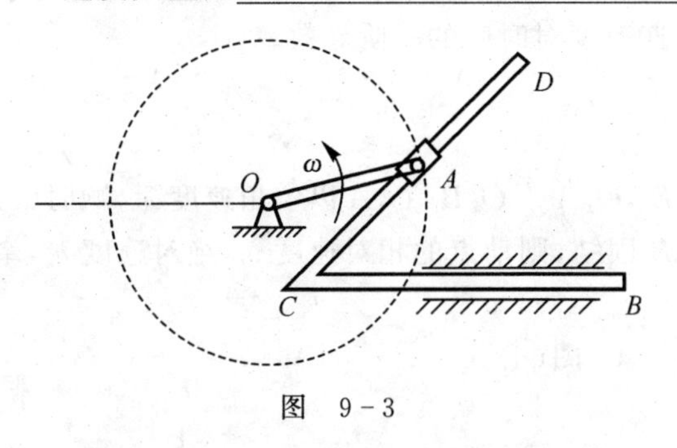

图　9-3

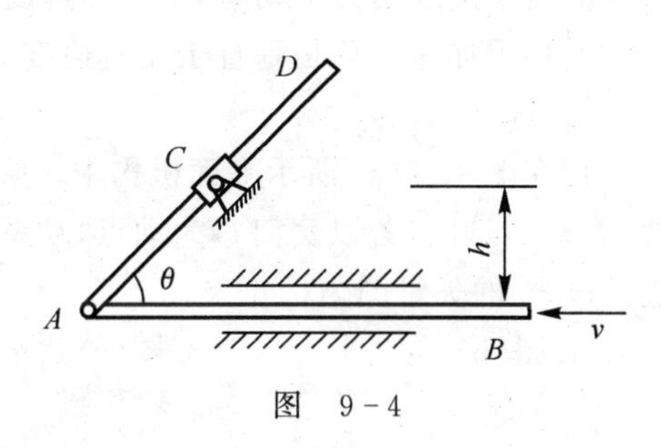

图　9-4

5.合理选择图 9-5 所示机构的动点、动系,并画出速度矢量图。

动点________________________;

动系________________________;

速度矢量图________________________。

6.图 9-6 所示曲柄滑道机构中,BC 水平,DE 铅垂,曲柄 $OA=10$ cm,以匀角速度 $\omega=20$ rad/s 绕 O 轴转动。通过滑块 A 使 T 形杆 $BCDE$ 往返运动,则当 $\varphi=30°$时,合理选择图示机构的动点、动系,并画出速度矢量图。

动点________________________;

动系________________________。

速度矢量图________________________。

加速度矢量图________________________

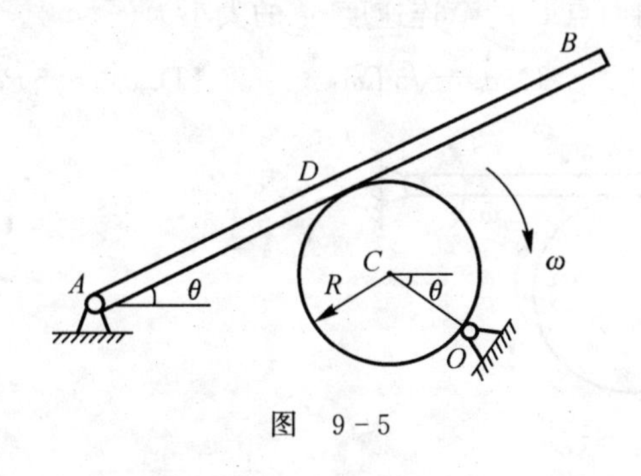

图　9-5

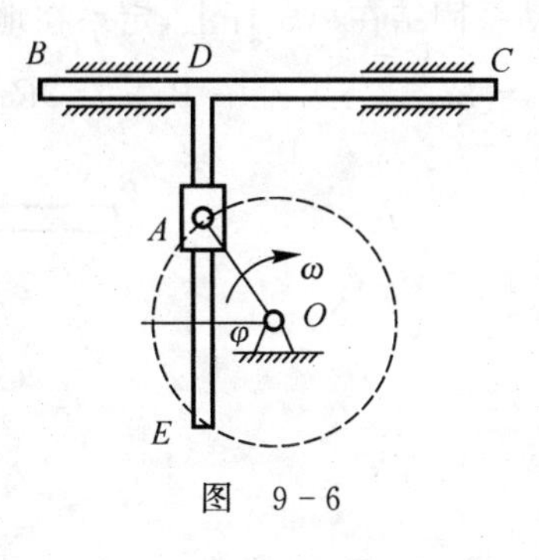

图　9-6

二、判断题

1.动点相对于定系的运动称为绝对运动。（　　）

2.动点的相对运动为直线运动、牵连运动为直线平动时,动点的绝对运动也一定是直线运动。（　　）

3.某瞬时动点的相对速度不为零,动系的角速度也不为零,则动点在该瞬时的科氏加速度也不为零。（　　）

4. 绝对速度是相对速度和牵连速度的代数和。 ( )

5. 相对速度对时间的一阶导数是相对加速度。 ( )

6. 牵连速度对时间的一阶导数是牵连加速度。 ( )

7. 绝对速度对时间的一阶导数是绝对加速度。 ( )

8. 当牵连运动为平动时，牵连加速度等于牵连速度对时间的一阶导数。 ( )

9. 科氏加速度总是垂直于相对速度。 ( )

三、选择题

1. 在图 9-7(a) 所示平面机构中，$O_1A=O_2B$，$O_1A \parallel O_2B$，O_1A 以匀角速度 ω（顺时针）绕 O_1 轴转动时，若以套筒 C 为动点，动系与杆 AB 固结，则动点的相对速度 v_r，绝对速度 v_a，牵连速度 v_e 的矢量图为（ ）。

A. 图(b) B. 图(c) C. 图(d)

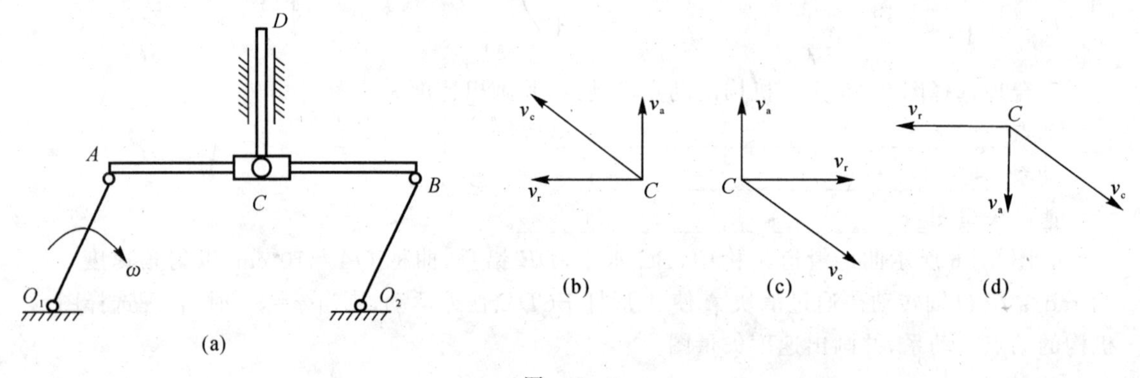

图 9-7

2. 偏心轮半径为 R，以匀角速度 ω_1 绕 O 轴转动，并带动 AB 杆以角速度 ω_2 绕 A 轴转动，如题图 9-8 所示。在图示瞬时，AB 水平，$AD=2R$，O 与 C 在同一水平线上。若以偏心轮轮心 C 为动点，动系固结在 AB 杆上，定系在地面，则动点 C 的牵连速度 v_e 的大小为（ ）。

A. $v_e=R\omega_1$ B. $v_e=2R\omega_1$ C. $v_e=\sqrt{5}R\omega_1$ D. $v_e=\sqrt{5}R\omega_2$

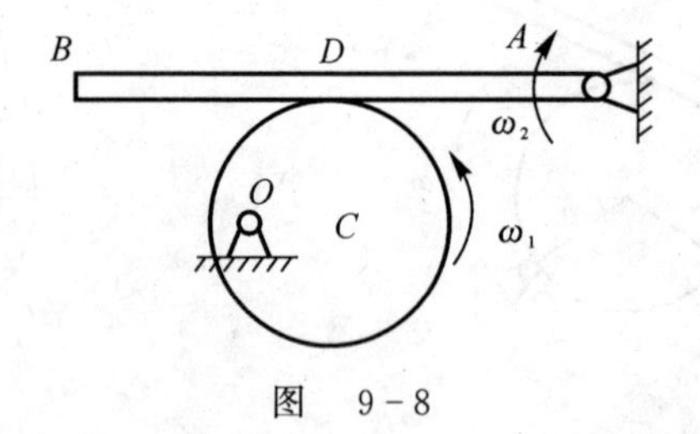

图 9-8

3. 凸轮机构如图 9-9 所示。若以凸轮圆心 C 为动点，动系固结在 ABD 上，定系为地面，则动点 C 的相对轨迹为（ ），相对速度 v_r 大小为（ ）。

A. 铅垂直线 B. 水平直线 C. 圆 D. $v_r=R\omega$

E. $v_r=\dfrac{R}{2}\omega$ F. $v_r=\dfrac{R}{4}\omega$

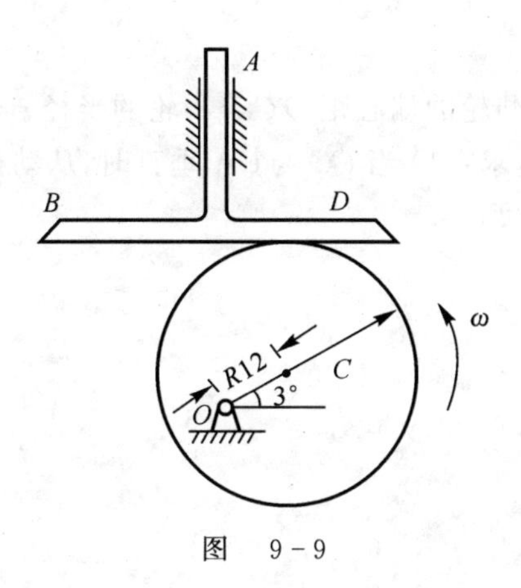

图　9-9

4. 在图 9-10 所示机构中，已知 $s=a+b\sin\omega t$，且 $\varphi=\omega t$，其中 a,b,ω 均为常数，杆长为 l，若取小球 A 为动点，动系固连于物块 B，定系固连于地面，则小球 A 的牵连速度 v_e 的大小为(　　)，相对速度的大小为(　　)。

A. $l\omega$　　B. $b\omega\cos\omega t$

C. $b\omega\cos\omega t+l\omega\cos\omega t$　　D. $b\omega\cos\omega t+l\omega$

5. 如图 9-11 所示，在凸轮机构中，已知凸轮移动的速度 v，向右，若以 AB 杆上的 A 为动点，动系与凸轮固结，画出了速度矢量图。以下各式中，在 x 轴的投影式为(　　)，在 y 轴的投影式为(　　)。

A. $v_e=-v_r\sin\theta$　　B. $0=v_e-v_r\sin\theta$　　C. $v_e=v_r\cos\theta$

D. $v_a+v_r\cos\theta=0$　　E. $v_a=v_r\cos\theta$　　F. $v_a=-v_r\cos\theta$

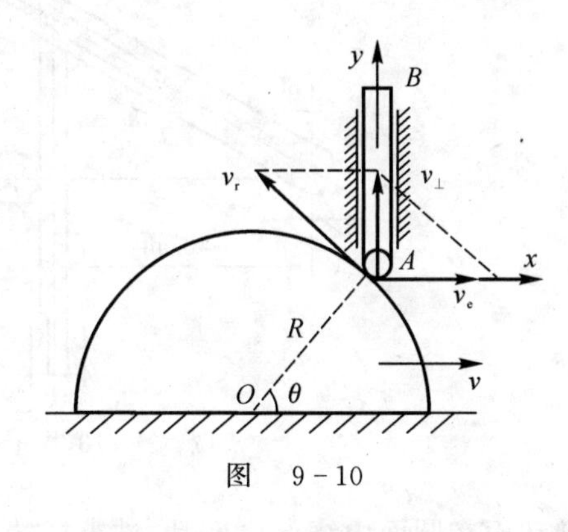

图　9-10

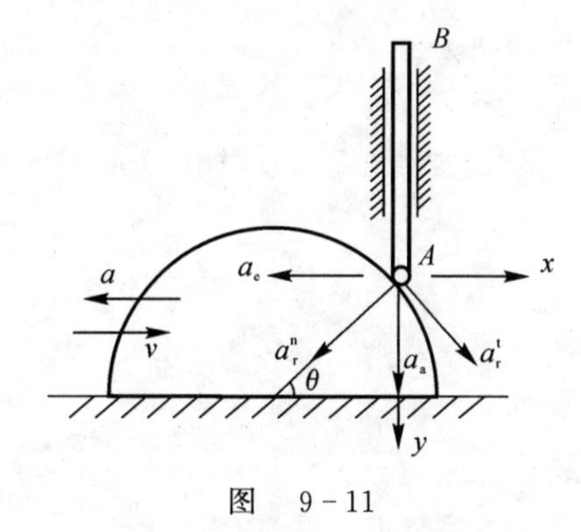

图　9-11

6. 在上题中，其加速度矢量图如图所示。下面写出了它的投影式，加速度在 y 轴的投影为(　　)，加速度在 x 轴投影为(　　)。

A. $a_a+a_r^n\sin\theta+a_n^t\cos\theta=0$　　B. $a_a=a_r^n\sin\theta+a_r^t\cos\theta$

C. $a_a+a_r^n\sin\theta=a_r^t\cos\theta$　　D. $a_a+a_r^t\cos\theta=a_r^n\sin\theta$

E. $0=-a_r^n\sin\theta+a_r^t\cos\theta-a_e$　　F. $a_e+a_r^n\cos\theta=a_r^t\sin\theta$

三、计算题

1. 如图 9-12 所示，偏心凸轮的偏心距 $OC=e$，轮的半径 $r=\sqrt{3}e$，轮以匀角速度 ω 绕轴 O 转动，AB 的延长线通过 O 轴，求：(1) 当 OC 与 CA 垂直时，从动杆 AB 的速度；(2) 当 OC 转到铅直位置时，从动杆 AB 的速度。

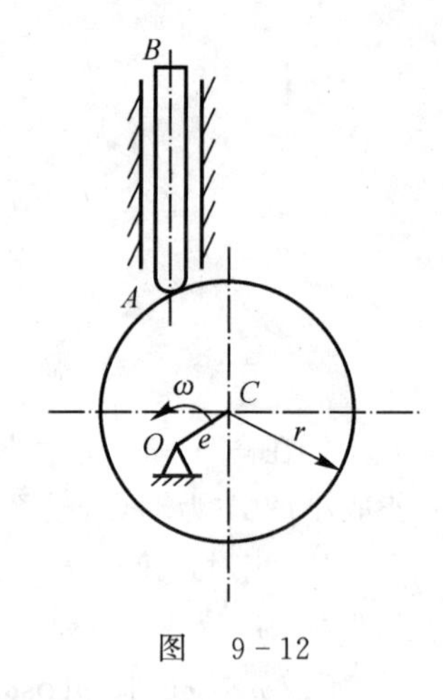

图 9-12

2. 如图 9-13 所示，摇杆 OC 带动齿条 AB 上下移动，齿条又带动半径为 10 cm 的齿轮绕 O_1 轴摆动。在图示位置时，OC 的角度 $\omega_0=0.5$ rad/s。求此时齿轮的角速度。

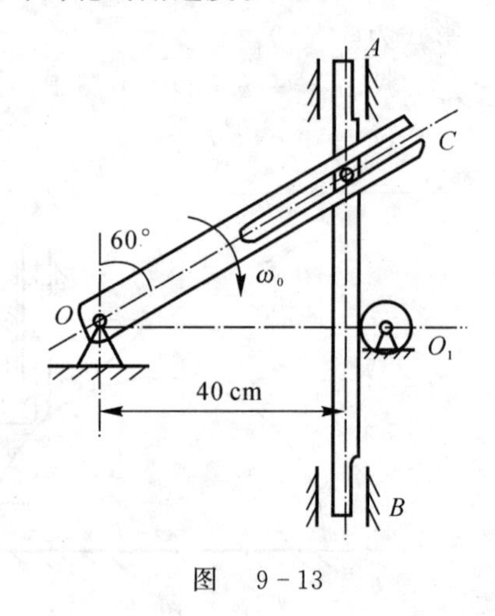

图 9-13

3. 如图 9-14 所示，杆 OA 长 l，由推杆 BCD 推动而在圆面内绕点 O 转动，试求杆端 A 的速度大小(表示为由推杆至点 O 的距离 x 的函数)，假定推杆的速度为 $\boldsymbol{u}$，其弯头长为 b。

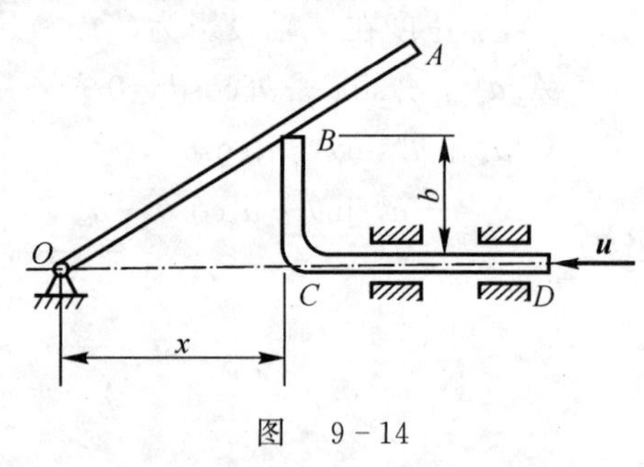

图 9-14

4. 图 9-15 所示是两种不同的滑道摇杆机构，已知 $O_1O=20$ cm，试求当 $\theta=20°$，$\varphi=27°$，且 $\omega_1=6$ rad/s（逆钟向）时，这两种机构中的摇杆 O_1A 和 O_1B 的角速度 ω_2 的大小。

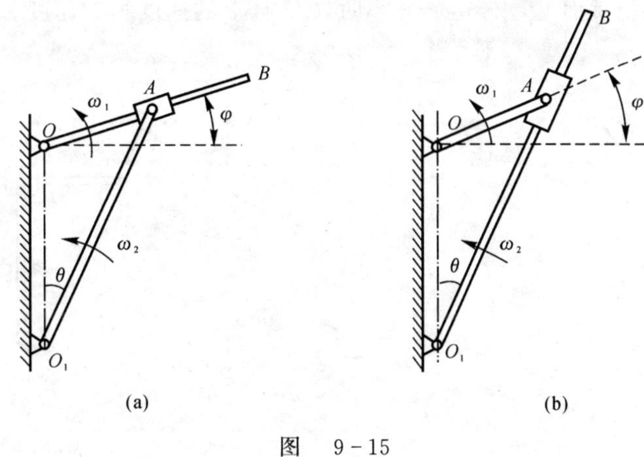

图　9-15

5. 如图 9-16 所示，小车沿水平方向向右做加速运动，其加速度 $a=49.2$ cm/s²。在小车上有一轮绕轴 O 转动，转动的规律为 $\varphi=t^2$（t 以 s 计，φ 以 rad 计），当 $t=1$ s 时，轮缘上点 A 的位置如图所示。若轮的半径 $r=20$ cm，求此时点 A 的加速度。

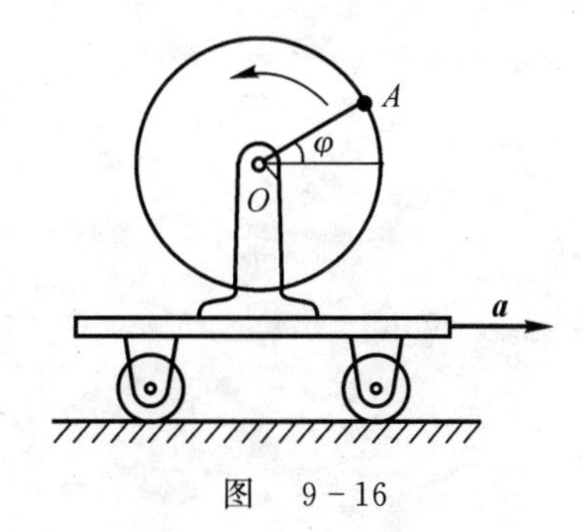

图　9-16

6. 图 9-17 所示曲柄滑道机构中，曲柄长 $OA=10$ cm，并绕 O 轴转动，在某瞬时，其角速度 $\omega=1$ rad/s，角加速度 $\varepsilon=1$ rad/s²，$\angle AOB=30°$，求导杆上 C 点的加速度和滑块 A 在滑道中的相对加速度。

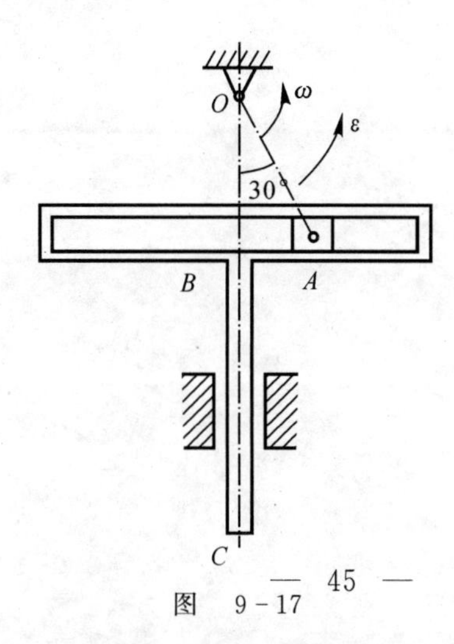

图　9-17

7. 图 9-18 所示铰接机构中，$O_1A=O_2B=10$ cm，又 $O_1O_2=AB$，并且杆 O_1A 以匀角速度 $\omega=2$ rad/s 绕轴 O_1 转动。AB 杆上有一套筒 C，此筒与 CD 杆相铰接，机构的各部件都在同一铅垂面上，求当 $\varphi=60°$ 时，CD 杆上的速度和加速度。

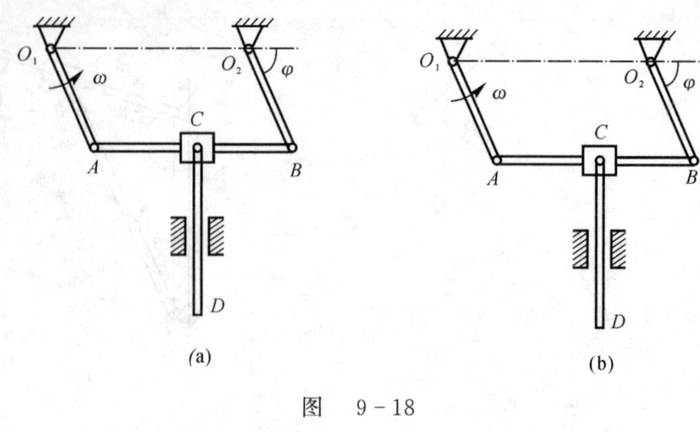

图 9-18

(a) 速度分析图； (b) 加速度分析图

8. 如图 9-19 所示，水平直线 AB 在半径为 r 的固定圆平面上以匀速度 $\boldsymbol{u}$ 铅直地放下，小环 M 同时套在该直线和圆圈上，求小环的速度和加速度。

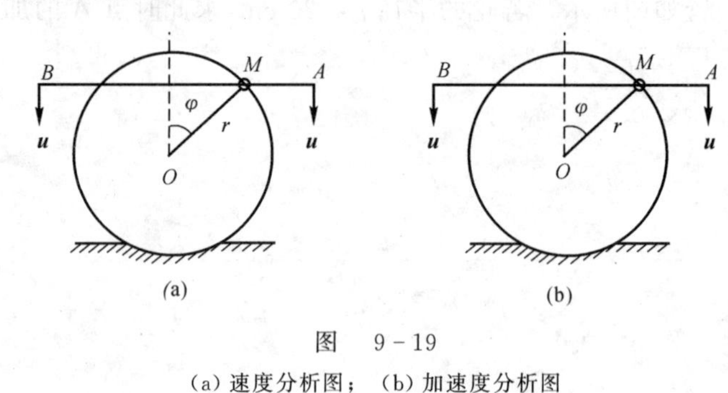

图 9-19

(a) 速度分析图； (b) 加速度分析图

9. 如图 9-20 所示，半径 $R=4$ cm 的半圆凸轮沿水平面做直线运动，从动杆 MN 可沿直槽上下运动，其 N 端与凸轮接触，当 ON 线与水平成倾角 $\alpha=60°$ 时，凸轮的速度 $v=1$ cm/s 加速度 $a=2$ cm/s^2。试求该瞬间从动杆 MN 的速度和加速度。

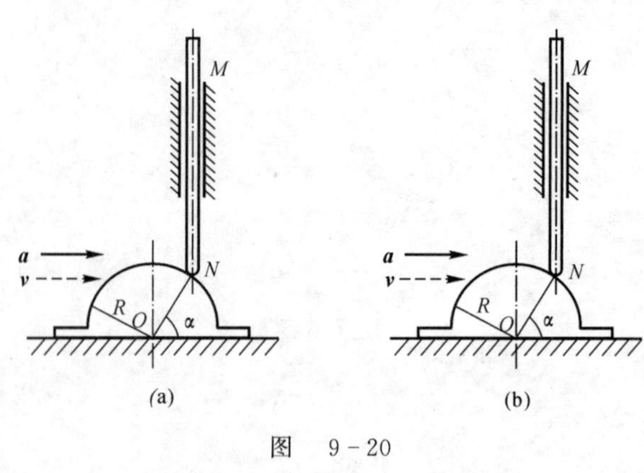

图 9-20

(a) 速度分析图； (b) 加速度分析图

10. 如图 9－21 所示，在半径为 r 的圆环内充满液体，液体按箭头方向以相对速度 $\boldsymbol{u}$ 在环内做匀速运动。若圆环以等角速度 ω 绕轴 O 转动，求在圆环内 1，2，3，4 点处液体的绝对加速度的大小。

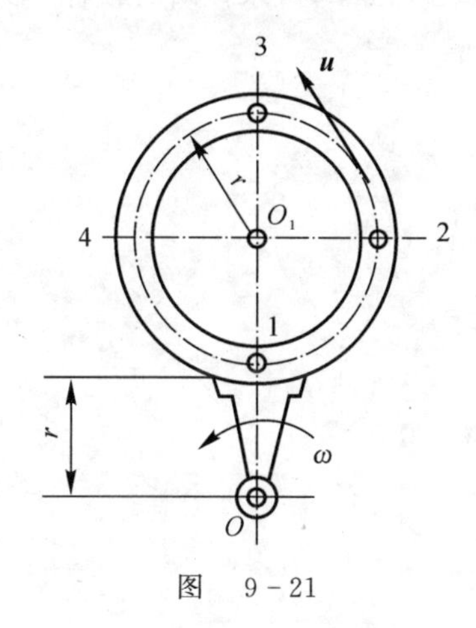

图　9－21

11. 如图 9－22 所示，直角曲杆 OBC 绕 O 轴转动，使套在其上的小环 M 沿固定直杆 OA 滑动，已知 $OB=10$ cm，曲杆以匀角速度 $\omega=0.5$ rad/s 转动，求当 $\varphi=60°$ 时，小环 M 的速度和加速度。

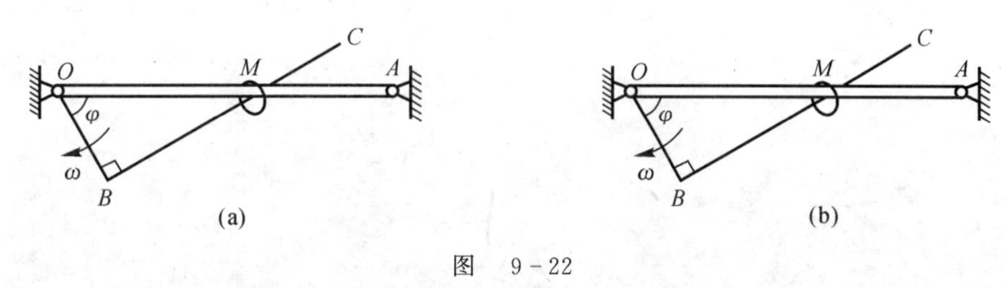

图　9－22

(a) 速度分析图；(b) 加速度分析图

12. 如图 9－23 所示，圆盘绕 AB 轴转动，其角速度 $\omega=2t$ rad/s，M 点沿圆盘一直径离开中心向外缘运动，其运动规律为 $OM=4t^2$ cm，OM 与 AB 轴成 60° 倾角，求当 $t=1$ s 时，M 点的绝对速度和绝对加速度的大小。

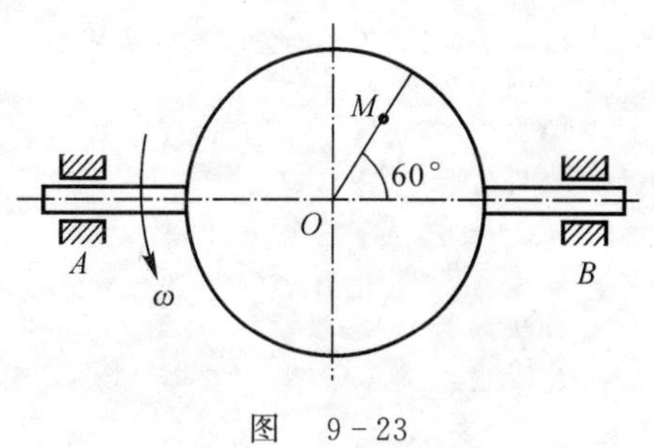

图　9－23

13. 如图 9-24 所示，在剪切机构中，弯成直角的曲柄 OAB，绕过 O 点而垂直图面的定轴转动，并带动顶杆 CD 沿导槽滑道，已知 $OA=10\sqrt{3}\,\text{cm}$，当 $\varphi=30°$ 时，$\omega_1=1.5\ \text{rad/s}$，$\varepsilon_1=2\ \text{rad/s}^2$，试求该瞬时顶杆 CD 的速度和加速度，以及顶杆 C 点相对曲柄的速度和加速度。

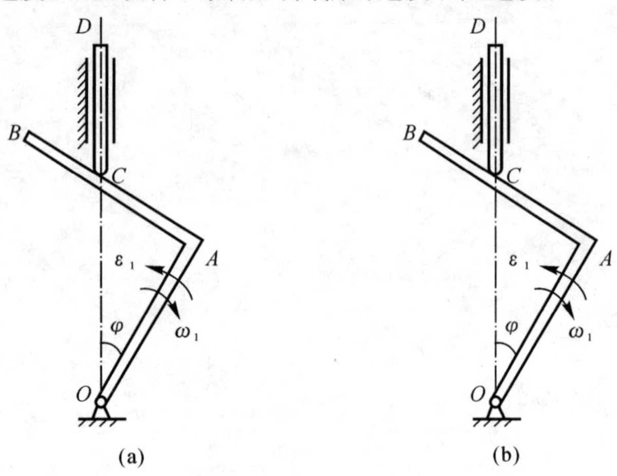

图 9-24

(a) 速度分析图； (b) 加速度分析图

第十章　刚体的平面运动

内容导学

主要知识点：

(1)基本概念：平面运动，平面图形，平面运动的简化和分解。

(2)基本定理：平面图形上点的速度分析的基点法、投影法和速度瞬心法，点的加速度合成定理的基点法。

学习重点、难点和考点：

(1)平面图形上点的速度分析的基点法、投影法和速度瞬心法。

(2)平面图形上点的加速度合成定理的基点法。

同步练习

一、判断题

1. 刚体平动和刚体定轴转动都是刚体平面运动的特例。（　）

2. 平面图形的角速度与图形绕基点转动的角速度始终相等。（　）

3. 平面图形上任意两点的速度在固定坐标轴上的投影一定相等。（　）

4. 平面图形上各点的速度矢量相等的条件是平面图形的角速度为零。（　）

5. 刚体做平面运动时，其上任一截面都在其自身平面内运动。（　）

6. 研究平面图形上各点的速度和加速度时，基点只能是该图形上或延展面上的点，而不能是其他图形(刚体)上的点。（　）

7. 平面图形上各点的速度大小与该点到速度瞬心的距离成正比。（　）

8. 平面图形上若已知某瞬时两点的速度为零，则该平面图形在该瞬时的瞬时角速度和瞬时角加速度一定都为零。（　）

二、选择题

1. 图10-1所示的机构中，$\overline{O_1A} \parallel \overline{O_2B}$，$\overline{O_1A} > \overline{O_2B}$，$O_1A \perp O_1O_2$，$\omega_1 \neq 0$，则$\omega_1$（　）$\omega_2$。

A. 等于　　B. 大于　　C. 小于

2. 图10-2所示机构的$\overline{O_1A} = \overline{O_2B}$，在图示瞬时$O_1A \parallel O_2B$，$\omega_1 = 0$，$\varepsilon_1 \neq 0$，则$\varepsilon_1$（　）$\varepsilon_2$。

A. 等于　　B. 小于　　C. 大于

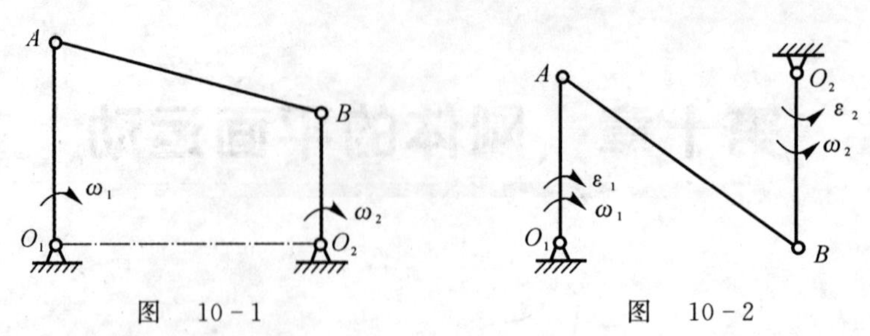

图 10-1　　图 10-2

3. 图 10-3 所示圆盘在水平面上无滑动地滚动，角速度 $\omega=$常数，轮心 A 的角速度为（　　）；轮边 B 点的加速度为（　　）。

A. 0　　B. $\omega^2 r$　　C. $2\omega^2 r$　　D. $4\omega^2 r$

4. 图 10-4 所示圆盘在圆周曲线内侧纯滚动，角速度 $\omega=$常数，轮心 A 点的加速度为（　　）；轮边 B 点的角速度为（　　）。

A. 0　　B. $\omega^2 r$　　C. $\dfrac{r^2}{R-r}\omega^2$　　D. $\dfrac{r(R-2r)}{R-r}\omega^2$

5. 图 10-5 所示圆盘在圆周曲线的外侧做纯滚动，角速度 $\omega=$常数，轮心 A 点的加速度为（　　）；轮边 B 点的加速度为（　　）。

A. $\omega^2 r$　　B. $\dfrac{Rr}{R+r}\omega^2$　　C. $\dfrac{R(R+2r)}{R+r}\omega^2$　　D. $\dfrac{r(R+2r)}{R+r}\omega^2$

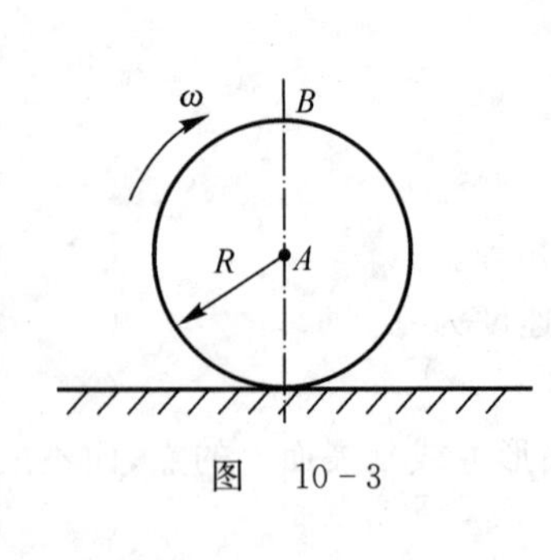

图 10-3

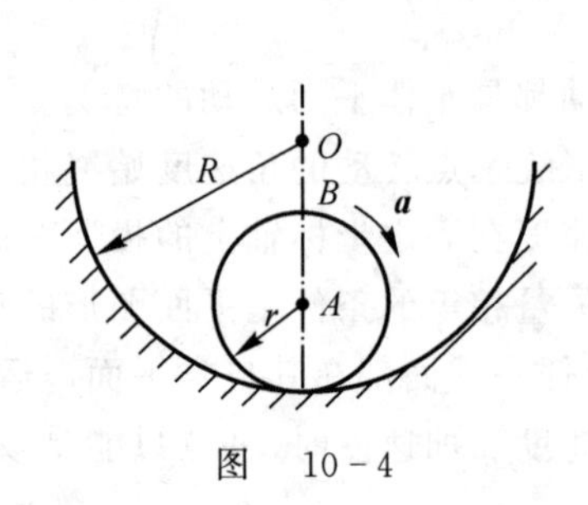

图 10-4

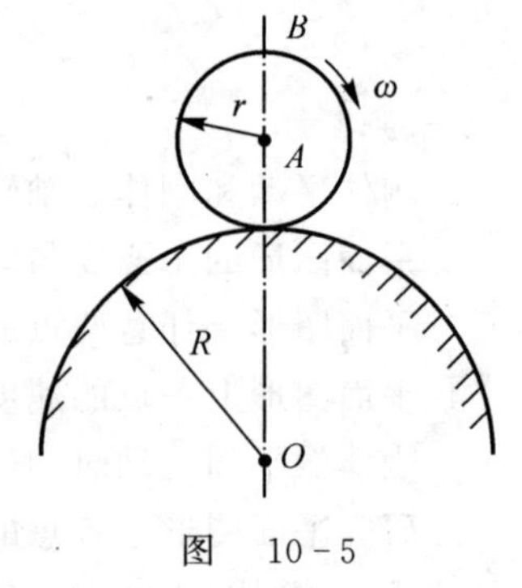

图 10-5

三、计算题

1. 四连杆机构 $ABCD$ 的尺寸如图 10-6 所示，若 AB 杆以匀角速度 $\omega=1$ rad/s 绕轴 A 转动，求机构在图示位置时点 C 的速度和 DC 杆的角速度。

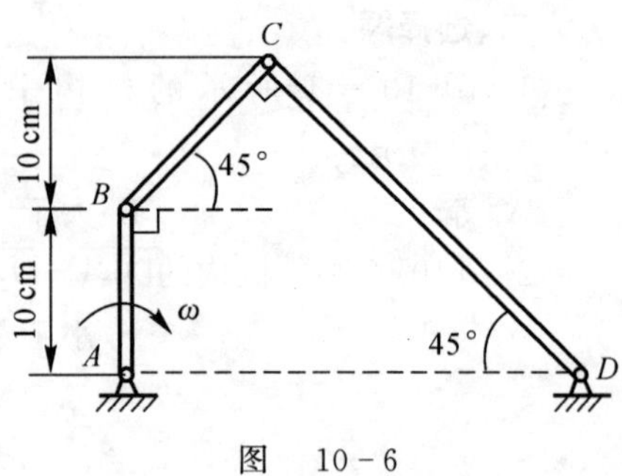

图 10-6

2. 如图 10－7 所示，四连杆机构中，$OA = CB = \frac{1}{2}AB = 10$ cm，曲柄 OA 的角速度 $\omega =$ 3 rad/s（逆时针），试求当 $\angle AOC = 90°$ 而 CB 位于 OC 的延长线上时，连杆 AB 与曲柄 CB 的角速度。

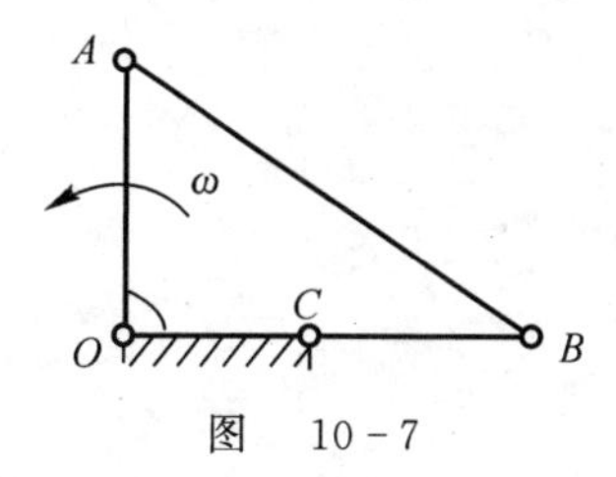

图　10－7

3. 如图 10－8 所示，两个平行齿条分别以匀速 $v_1 = 5$ m/s 和 $v_2 = 2$ m/s 同向运动，齿条间夹一半径 $R = 0.5$ cm 的齿轮，试求齿轮的角速度和轮心 O 的速度。

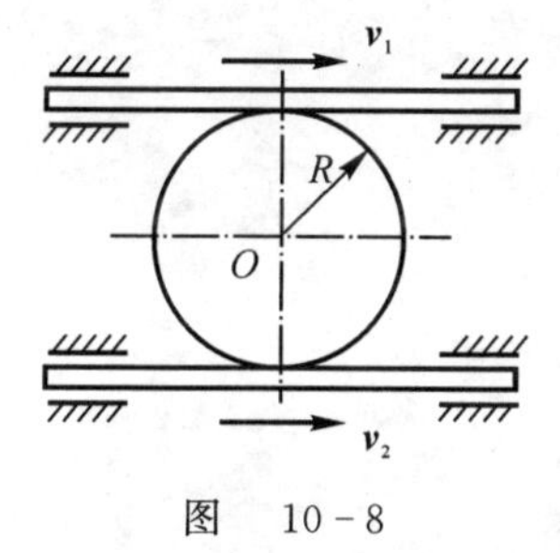

图　10－8

4. 如图 10－9 所示，轮 O 在水平面上滚动而不滑动，轮缘上固连的销钉 B，此销钉在摇杆 O_1A 的槽内滑动，并带动摇杆绕 O_1 轴转动，已知：轮的半径 $R = 0.5$ cm，在图示位置时，AO_1 是轮的切线，轮心的速度 $v_0 = 20$ cm/s，摇杆与水平面的交角为 60°，求摇杆的角速度。

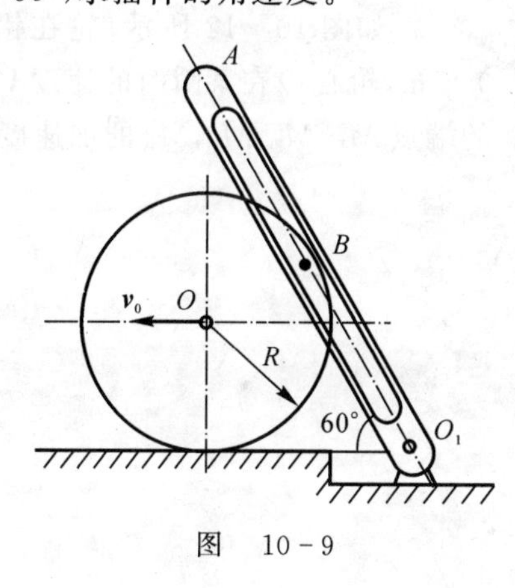

图　10－9

5. 如图 10－10 所示，液压机的滚子沿水平面滚动而不滑动，曲柄 OA 半径 $r=10$ cm，并以匀角速度 $\omega_0=30$ r/min 绕 O 轴沿逆时针转动，若滚子半径 $R=10$ cm，当曲柄与水平线的交角为 60° 时，OA 与 AB 垂直，求此时滚子的角速度大小；连杆 AB 的角速度大小。

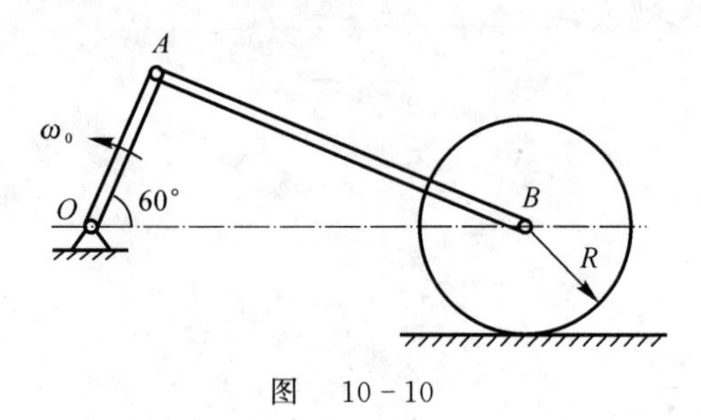

图 10－10

6. 如图 10－11 所示，曲柄 OA 长 20 cm，绕轴 O 以匀角速度 $\omega_0=10$ rad/s 转动。此曲柄借助连杆 AB 带动滑块 B 沿铅垂方向运动，已知连杆长 100 cm，求当曲柄与连杆相互垂直并与水平线各成 $\varphi=45°$ 与 $\theta=45°$ 时，连杆的角速度、角加速度和滑块 B 的加速度。

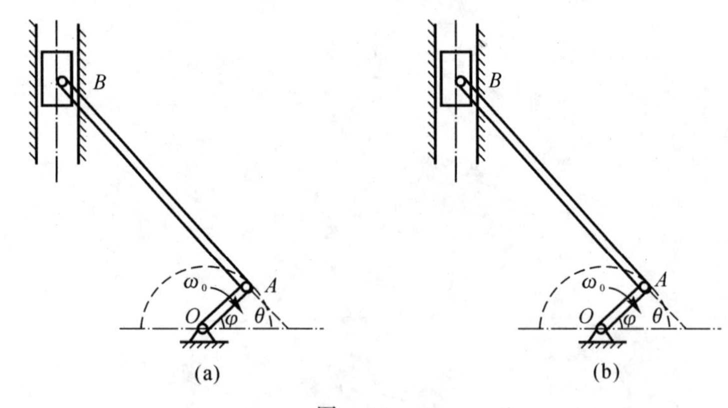

图 10－11

(a) 速度分析图；(b) 加速度分析图

7. 如图 10－12 所示，轮在铅垂平面内沿倾斜直线轨道滚动而不滑动，轮的半径为 $R=0.5$ m，轮心 O 在某瞬时的速度 $V_0=1$ m/s，加速度为 $a_0=3$ m/s²。求在轮上两相互垂直直径的端点 M_1，M_2，M_3，M_4 的加速度的大小。

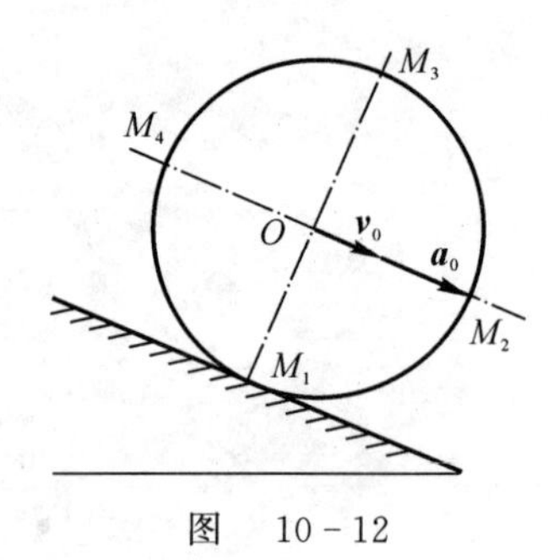

图 10－12

8. 在图 10－13 所示曲柄连杆机构中，曲柄 OA 以匀角速度 ω_0 绕轴 O 转动，滑块 B 在圆弧形槽内滑动，已知 $OA=b$，$AB=2\sqrt{3}b$，$O_1B=2b$，当曲柄与水平线成 60° 时，连杆 AB 恰和曲柄垂直，此时半径 O_1B 和连杆成 30°，如图所示，求在该瞬时滑块 B 的速度和加速度的大小。

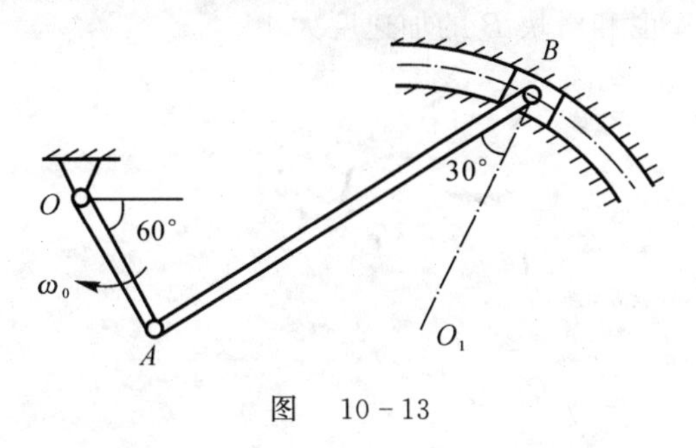

图　10－13

9. 如图 10－14 所示，配汽机构的曲柄 OA 长为 r，以角速度 ω_0 绕轴 O 转动，$AB=6r$，$BC=3\sqrt{3}r$，试求滑块 C 在图示位置时的速度和加速度，这时 AB 水平，BC 铅直，$\varphi=60°$。

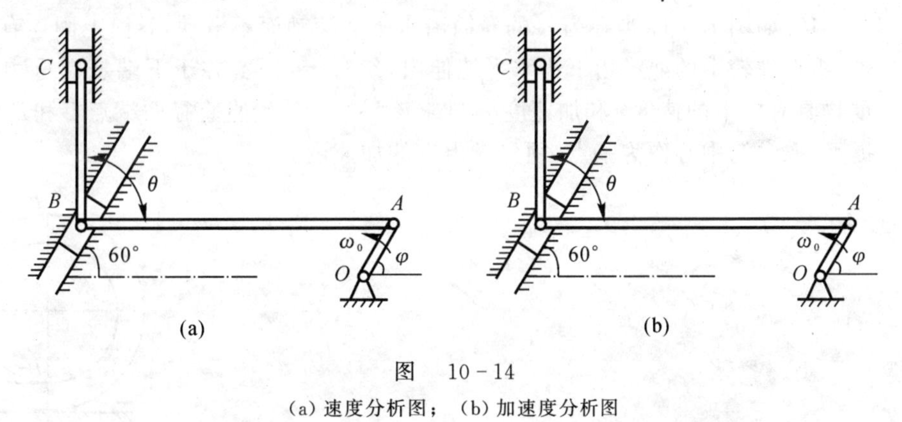

图　10－14

(a) 速度分析图；(b) 加速度分析图

10. 如图 10－15 所示，在牛头刨床的滑道摇杆机构中，曲柄 OA 以匀角速度 ω_0 沿逆时针转动，试求当曲柄 OA 和摇杆 O_1B 处在水平位置时，滑块 C 的速度和摇杆 O_1B 的角速度，设轴 O 和 O_1 到滑块 C 的导轨的距离分别是 b 和 $2b$，$OA=R$，$O_1B=r$，$BC=4\sqrt{3}b/3$。

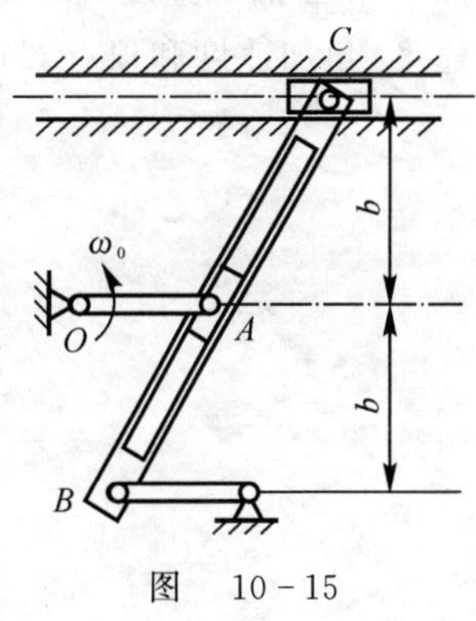

图　10－15

11. 如图10-16所示，曲柄OA通过连杆ABD带动滑道摇杆O_1D摆动，摇杆轴O_1、曲柄轴O以及滑块B在同一水平线上，且$OA=r=5$ cm，$AB=BD=l=13$ cm，设曲柄具有逆时针角速度$\omega=10$ rad/s。当曲柄在铅直向上的位置时，滑道与O_1O成$60°$，求该瞬时摇杆O_1D的角速度和滑块B的加速度大小。

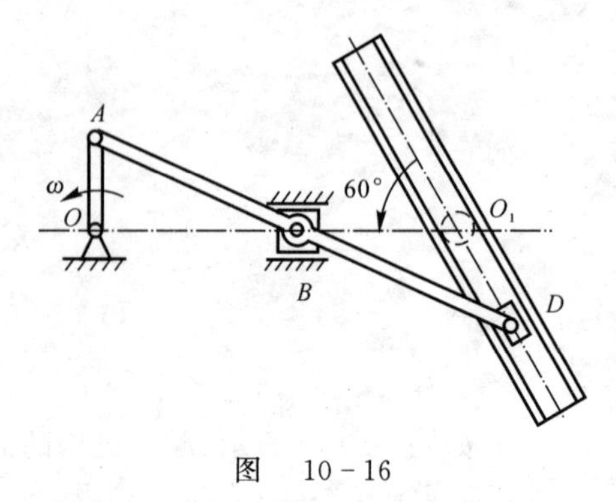

图 10-16

12. 如图10-17半径为R的卷筒沿水平面滚动而不滑动，卷筒上固连有半径为r的同轴鼓轮，缠在鼓轮上的绳子由下边水平地伸出，绕过定滑轮，并于下端悬有重物M，设在已知瞬时重物具有向下的速度$\boldsymbol{v}$和加速度$\boldsymbol{a}$，试求该瞬时卷筒铅直直径两端点C和B的加速度的大小。提示：取卷筒中心作为基点，须先求出它的加速度。

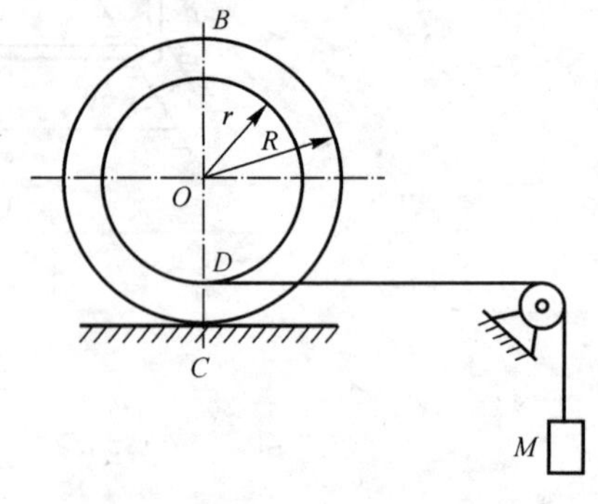

图 10-17

13. 如图10-18所示，边长$a=2$ cm的正方形$ABCD$在图面内做平面运动，在某瞬时其顶点A和B的加速度大小$a_A=2\ \text{cm/s}^2$，$a_B=4\sqrt{2}\ \text{cm/s}^2$，其方向如图所示，求该瞬时正方形的角速度、角加速度和顶点C的加速度。

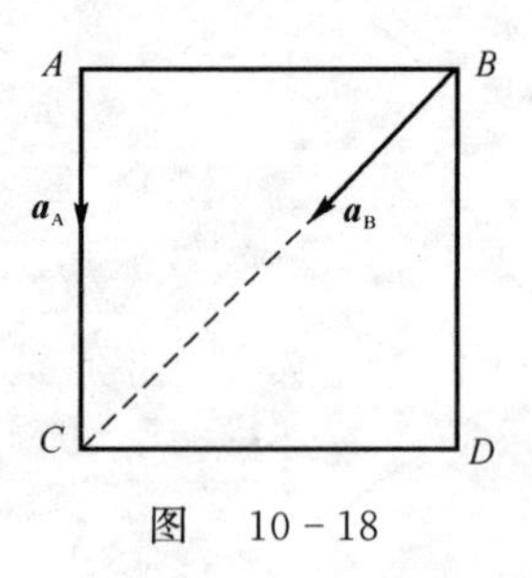

图 10-18

第十一章　质点动力学

内容导学

主要知识点：

(1)基本概念：惯性，惯性参考系。

(2)基本原理：惯性定律，力与加速度的关系定理，作用与反作用定律。

学习重点、难点和考点：

(1)质点运动微分方程的建立。

(2)动力学两类基本问题的求解，即已知运动求力和已知力求运动。也有些混合问题，即已知部分运动和部分力，求未知的运动和力。

同步练习

一、填空题

1.质量为m的质点沿直线运动，其运动规律为$x=b\ln\left(1+\frac{v_0}{b}t\right)$，其中$v_0$为初速度，$b$为常数。则作用于质点上的力$F=$________。

2.在北半球，沿列车前进方向看，复线铁路的________侧铁轨受损较重.

二、判断题

1.不受力作用的质点将静止不动。　（　）

2.质量是质点惯性的度量。质点的质量越大，惯性就越大。　（　）

3.质点的牵连惯性力和科氏惯性力与作用在质点上的主动力和约束力一样，都与参考系的选择无关。　（　）

4.由于地球自转的影响，自由落体的着地点在北半球偏东，在南半球偏西。　（　）

三、计算题

1.罐笼质量480 kg，上升时的速度图如图11-1所示。在下列三个时间间隔内，悬挂罐笼的钢绳的拉力分别为$\boldsymbol{F}_1$，$\boldsymbol{F}_2$，$\boldsymbol{F}_3$，试求$\boldsymbol{F}_1$，$\boldsymbol{F}_2$，$\boldsymbol{F}_3$的大小。

(1) 由$t=0$到$t=2$ s；

(2) 由$t=2$ s到$t=8$ s；

(3) 由$t=8$ s到$t=10$ s。

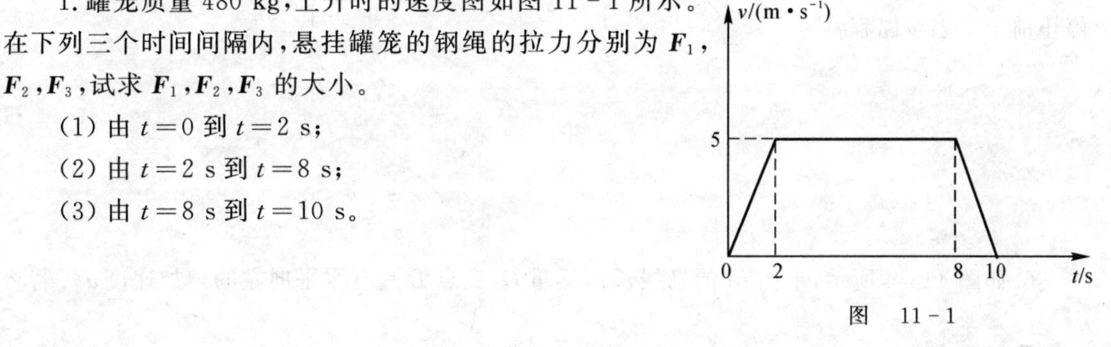

图　11-1

2. 列车(不连机车)质量 200 t,以等加速沿水平轨道行驶,由静止开始经 60 s 后,达到 54 km/h 的速度。设车轮与钢轨之间的摩擦因数为 0.005,试求机车与列车之间的拉力。

3. 载货小车的质量 700 kg,以 $v=1.6$ m/s 的速度沿缆车轨道下降,如图 11-2 所示。轨道的倾角 $\theta=15°$,运动之总阻力因数 $f=0.015$。求当小车等速下降时,拉小车缆绳的拉力 $\boldsymbol{F}_1$;又设小车制动的时间为 $t=4$ s,试求此时缆绳的拉力 $\boldsymbol{F}_2$。设制动时小车做匀减速运动。

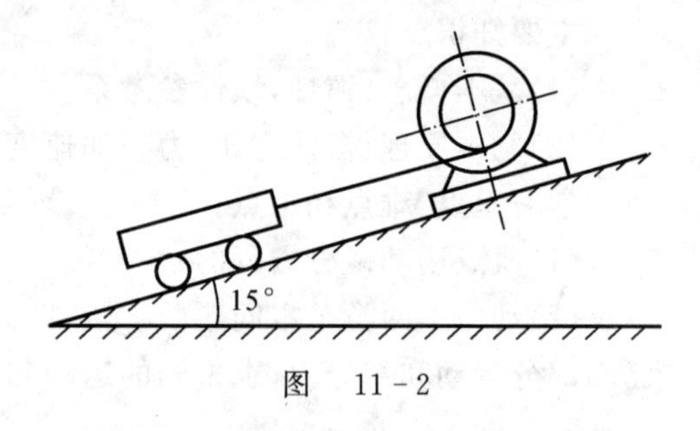

图 11-2

4. 如图 11-3 所示,矿车连同载重的总质量 $m_1=10$ t,车架与车轮的质量 $m_2=1$ t。若车身在弹簧上按 $x=2\sin 10t$(x 的单位为 cm)的规律做铅垂简谐运动,求矿车对水平直线轨道的最大与最小压力。

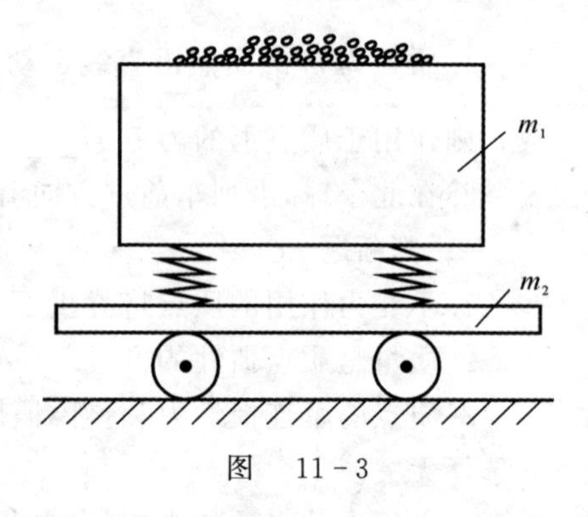

图 11-3

5. 一物体质量为 10 kg,在变力 $F=98(1-t)$ 的作用下运动(t 以 s 计,F 以 N 计)。设物体的初速度为 $v_0=20$ cm/s,且力的方向与速度的方向相同。问经过多少秒后物体停止?物体在停止前走了多少路程?

6. 如图 11-4 所示,单摆 M 的悬线长 l,摆重 $\boldsymbol{G}$,支点 B 具有水平向左的匀加速度 $\boldsymbol{a}$。若将

摆在 $\theta=0$ 处无初速释放，试确定悬线的张力 $\boldsymbol{T}$ 的大小（表示成 θ 的函数）。

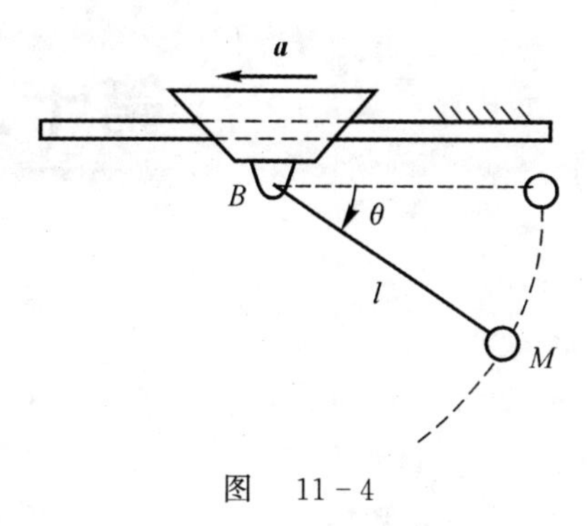

图　11－4

7. 图 11－5 所示一重为 $\boldsymbol{P}$ 的重物 A，沿与水平面成 α 角的棱柱的斜面下滑。棱柱沿水平面以加速度 $\boldsymbol{a}$ 向右运动。试求重物相对于棱柱的加速度和重物对棱柱斜面的压力。假定重物对棱柱斜面的滑动摩擦因数为 f。

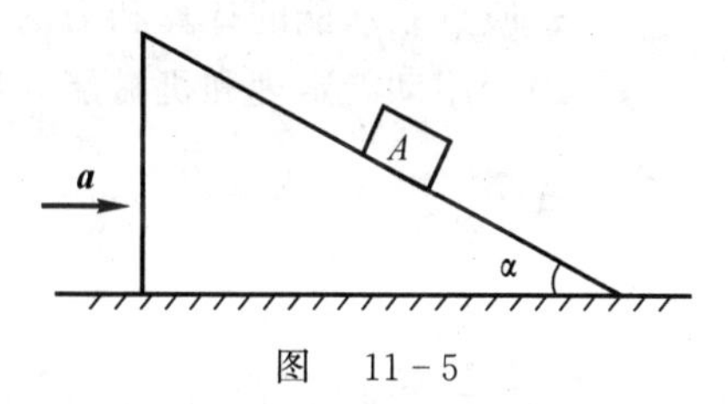

图　11－5

第十二章　动能定理

内容导学

主要知识点：

(1)基本概念：动能，力的功，机械能。

(2)基本原理：质点动能定理的微分形式和积分形式，质点系动能定理的微分形式和积分形式，机械能守恒定律。

学习重点、难点和考点：

(1)质点系动能的计算和力的功的计算。

(2)应用动能定理和机械能守恒定律求解动力学问题。

同步练习

一、填空题

1. D 环的质量为 m，$\overline{OA}=r$，在图 12-1 所示瞬时，直角拐杆角速度为 ω，则该瞬时环的动能 $T=$________。

2. 如图 12-2 所示，轮 Ⅱ 由系杆 O_1O_2 带动在固定轮 Ⅰ 上无滑动滚动，两轮半径分别为 R_2，R_1。若轮 Ⅱ 的质量为 m，系杆的角速度为 ω，则轮 Ⅱ 的动能 $T=$________。

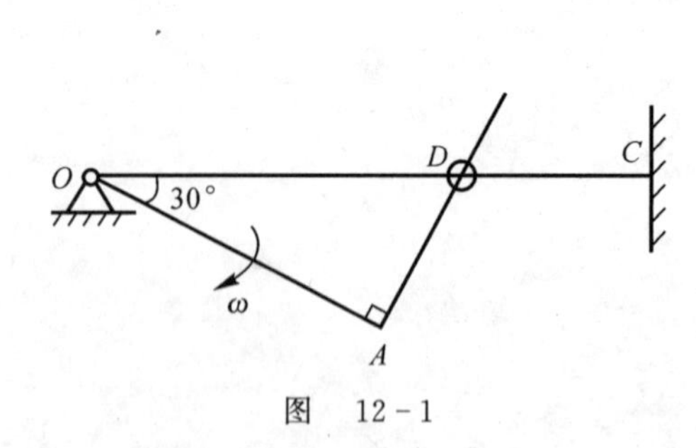

图　12-1

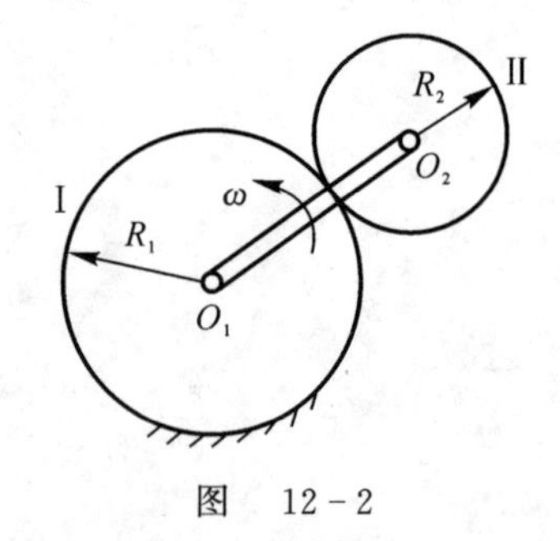

图　12-2

3. 均质圆盘的质量为 m，半径为 r。

(1) 如图 12-3(a) 所示，当盘绕缘上的 A 转动时，其动能 $T=$________；

(2) 如图 12-3(b) 所示，当盘在光滑水平面上平动时，其动能 $T=$________；

(3) 如图 12-3(c) 所示，当盘在水平面上做纯滚时，其动能 $T=$________。

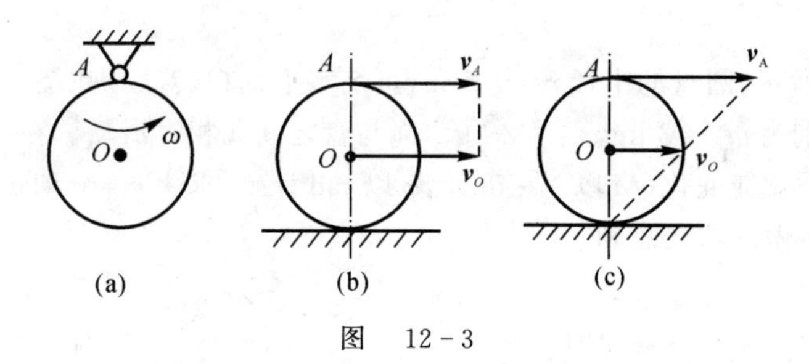

图　12-3

二、判断题

1. 作用在质点上合力的功等于各分力的功的代数和。　　(　　)

2. 忽略机械能与其他能量间的转换，则只要有力对物体做功，该物体的动能就一定会增加。　　(　　)

3. 平面运动刚体的动能可由其质量及质心速度完全确定。　　(　　)

4. 内力不能改变质点系的动能。　　(　　)

三、选择题

1. 图 12-4 所示均质圆盘沿水平直线轨道做纯滚动，在盘心移动了距离 s 的过程中，水平常力 $\boldsymbol{F}_\mathrm{T}$ 的功 $A_\mathrm{T}=$(　　)；轨道给圆轮的摩擦力 $\boldsymbol{F}_\mathrm{f}$ 的功 $A_\mathrm{f}=$(　　)。

A. $F_\mathrm{T}s$　　B. $2F_\mathrm{T}s$　　C. $-F_\mathrm{f}s$　　D. $-2F_\mathrm{f}s$　　E. 0

2. 图 12-5 所示坦克履带重 $\boldsymbol{P}$，两轮合重 $\boldsymbol{G}$，车轮看成半径为 R 的均质圆盘，两轴间的距离为 $2\pi R$。设坦克的前进速度为 $\boldsymbol{v}$，此系统动能为(　　)。

A. $T=\dfrac{3G}{4g}v^2+\dfrac{1}{2}\dfrac{P}{g}\pi Rv^2$　　B. $T=\dfrac{G}{4g}v^2+\dfrac{P}{g}v^2$

C. $T=\dfrac{3G}{4g}v^2+\dfrac{1}{2}\dfrac{P}{g}v^2$　　D. $T=\dfrac{3G}{4g}v^2+\dfrac{P}{g}v^2$

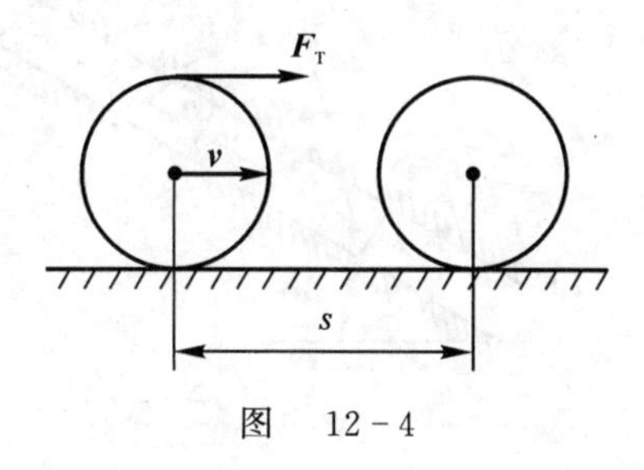

图　12-4

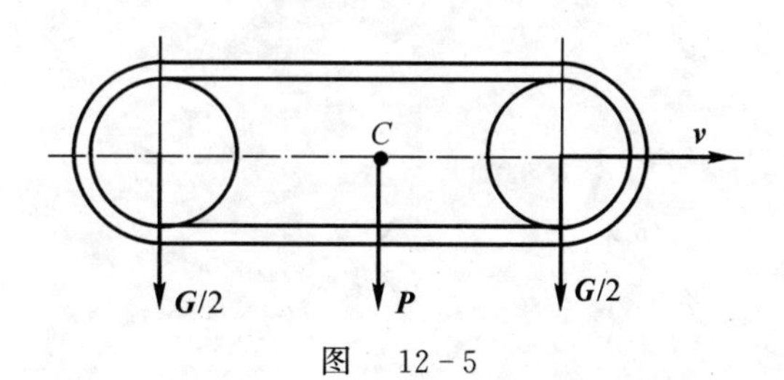

图　12-5

3. 图 12-6 所示为二均质圆盘 A 和 B，它们的质量相等，半径相同，各置于光滑水平面上，分别受到 $\boldsymbol{F}$ 和 $\boldsymbol{F}'$ 的作用，由静止开始运动。若 $\boldsymbol{F}=\boldsymbol{F}'$，则在运动开始以后到相同的任一瞬时，二圆盘动能 T_A 和 T_B 的关系为(　　)。

A. $T_\mathrm{A}=T_\mathrm{B}$　　B. $T_\mathrm{A}=2T_\mathrm{B}$　　C. $T_\mathrm{B}=2T_\mathrm{A}$　　D. $T_\mathrm{B}=3T_\mathrm{A}$

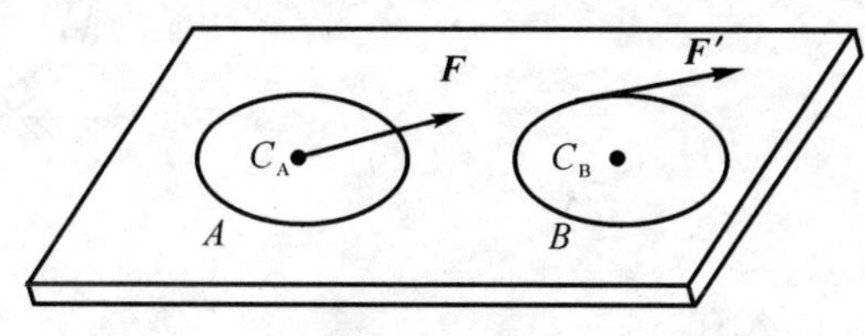

图　12-6

四、计算题

1. 如图 12-7 所示，圆盘的半径 $r=0.5$ m，可绕水平轴 O 转动。在绕过圆盘的绳上吊有两物块 A，B，质量分别为 $m_A=3$ kg，$m_B=2$ kg。绳与盘之间无相对滑动。在圆盘上作用一力偶，力偶矩按 $M=4\varphi$ 的规律变化（M 以 N・m 计，φ 以 rad 计）。求由 $\varphi=0$ 到 $\varphi=2\pi$ 时，力偶 M 与物块 A，B 的重力所做的功之总和。

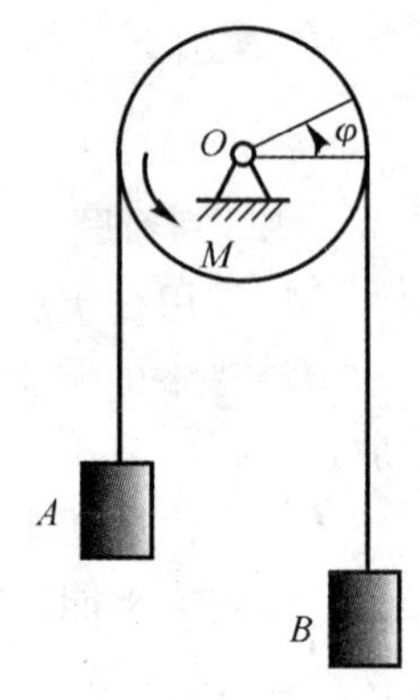

图 12-7

2. 如图 12-8 所示，用跨过滑轮的绳子牵引质量为 2 kg 的滑块 A 沿倾角为 30° 的光滑斜槽运动。设绳子拉力 $F=20$ N，计算滑块由位置 A 至位置 B 时重力与拉力 $\boldsymbol{F}$ 所做的总功。

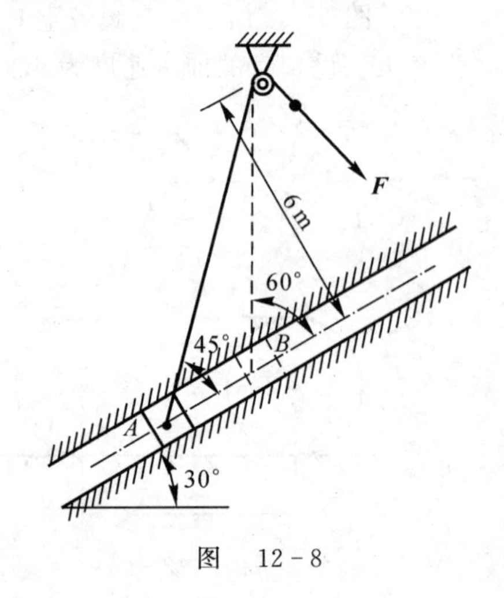

图 12-8

3. 图 12-9 所示坦克的履带质量为 m，两个车轮的质量均为 m_1 车轮可视为均质圆盘，半径为 R，两车轮轴间的距离为 πR。设坦克前进速度为 $\boldsymbol{v}$，计算此质点系的动能。

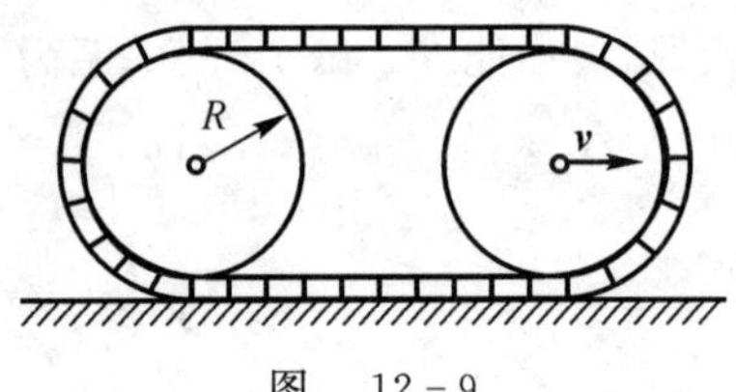

图 12-9

4. 如图 12－10 所示，长为 l，质量为 m 的均质杆 OA 以球铰链 O 固定，并以等角速度 ω 绕铅直线转动，如图所示。若杆与铅直线的交角为 θ，求杆的动能。

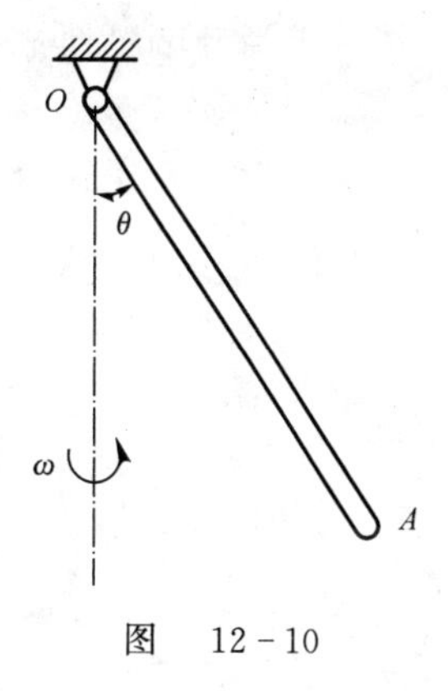

图　12－10

5. 如图 12－11 所示，自动弹射器如图放置，弹簧在未受力时的长度为 200 mm，恰好等于筒长。欲使弹簧改变 10 mm，需力 2 N。若弹簧被压缩到 100 mm，然后让质量为 30 g 的小球自弹射器中射出。求当小球离开弹射器筒口时的速度。

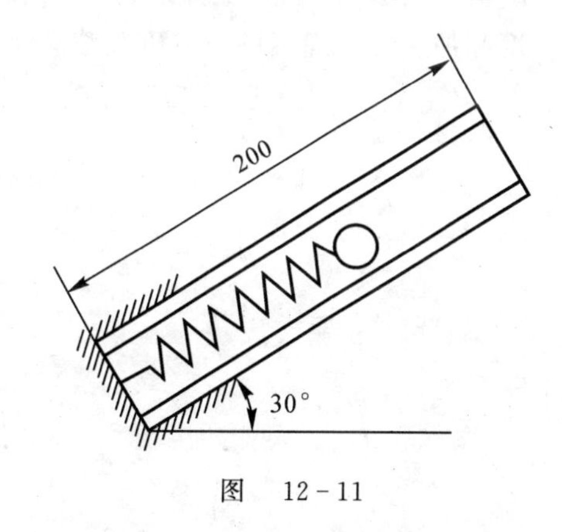

图　12－11

6. 如图 12－12 所示，当冲床冲压工件时冲头受的平均工作阻力 $F=52$ kN，工作行程 $s=10$ mm。飞轮的转动惯量 $J=40\ \mathrm{kg\cdot m^2}$，转速 $n=415$ r/min。假定冲压工件所需的全部能量都由飞轮供给，计算冲压结束后飞轮的转速。

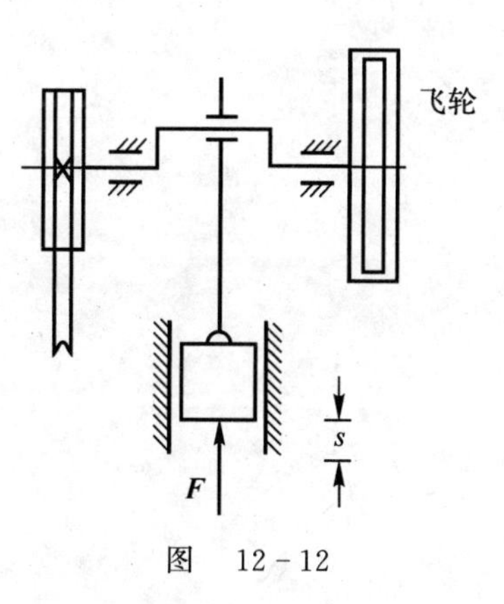

图　12－12

7. 如图12-13所示，平面机构由两均质杆AB，BO组成，两杆的质量均为m，长度均为l，在铅垂平面内运动。在杆A上作用一不变的力偶矩M，从图示位置由静止开始运动，不计摩擦。求当杆端A即将碰到铰支座O时杆端A的速度。

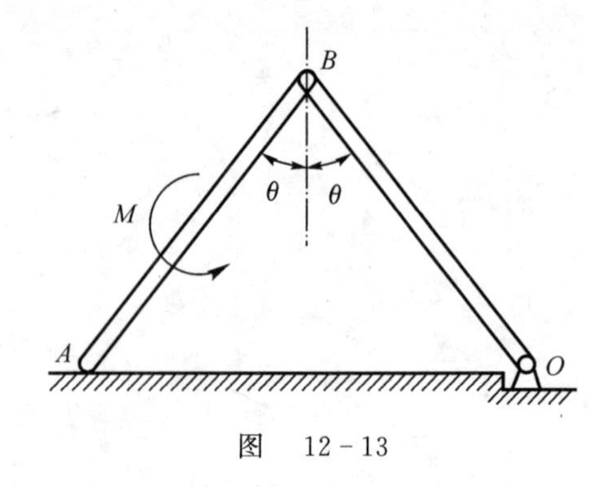

图　12-13

8. 如图12-14所示，物体A质量m_1，挂在不可伸长的绳索上；绳索跨过定滑轮B，另一端系在滚子C的轴上，滚子C沿固定水平面滚动而不滑动。已知滑轮B和滚子C是相同的均质圆盘，半径都是r，质量都是m_2。假设系统在开始处于静止，试求当物块A下降高度h时的速度和加速度。绳索的质量以及滚动摩阻和轴承摩擦都不计。

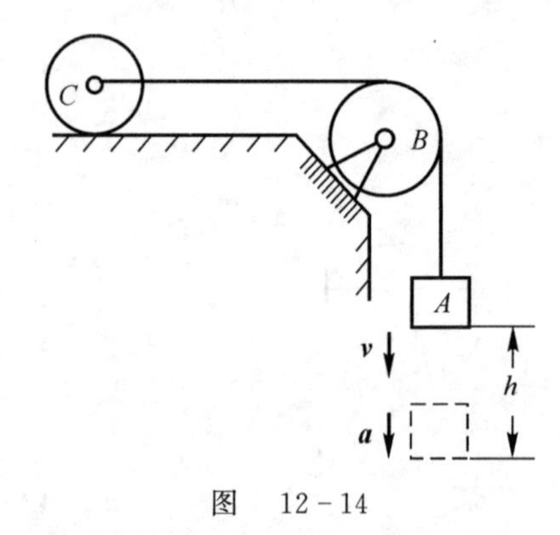

图　12-14

9. 如图12-15所示，已知均质杆AB长为l，质量为m_1；均质圆柱的质量为m_2，半径为R，自图示$\theta=45°$位置由静止开始沿水平面做纯滚动。若墙面光滑，求当杆端A开始释放瞬时的加速度。

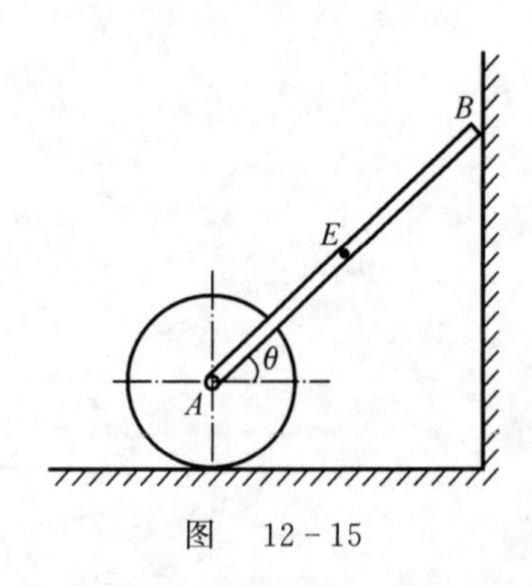

图　12-15

10. 质量为 m，半径为 r 的均质圆柱体，在半径为 R 的固定大圆槽内做纯滚动，如图 12-16 所示。圆心 C 与固定点 O 分别用铰链连接于轻质刚性杆的两端。在杆端 O 处还安装有刚度系数为 k 的扭转弹簧。当杆处于铅垂位置时，扭簧没有变形。若不计滚动摩阻，试写出系统的运动微分方程，并确定圆柱体绕平衡位置做微幅振动的周期。

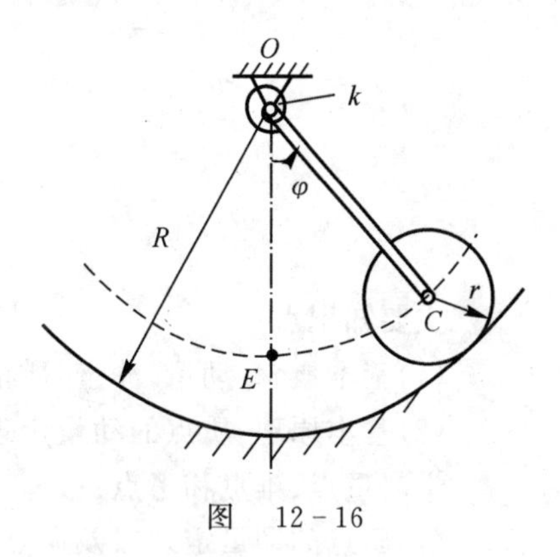

图　12-16

第十三章　动量定理

内容导学

主要知识点：

（1）基本概念：动量，冲量，质量中心。

（2）基本原理：质点的动量定理，质点系的动量定理，质点和质点系的动量守恒情况。

学习重点、难点和考点：

（1）质点的动量定理以及质点系的动量定理的应用。

（2）质心运动定理是质点系动量定理的另一种形式，它说明质心的运动与外力之间的关系，质心运动定理常用在刚体或刚体系统动力学中，要能利用它求解相关问题。

同步练习

一、填空题

1. 质点系的________力不影响质心的运动，只有________力才能改变质心的运动。

2. 胶带传动机构如图 13 - 1 所示。主动轮 O_1 和从动轮 O_2 的半径分别为 r_1 和 r_2，质量分别为 m_1 和 m_2，各自绕其中心轴转动，可分别规为均质圆盘；均质胶带的质量 m_3，总长为 l。若主动轮 O_1 以匀角速度 ω_1 转动，则此系统的动量等于________。

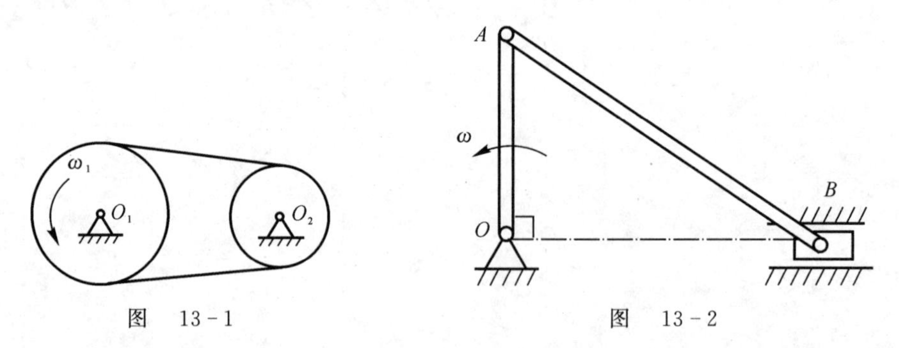

图　13 - 1　　　　图　13 - 2

3. 图 13 - 2 所示曲柄连杆机构中，曲柄和连杆皆可视为均质杆。其中曲柄的质量为 m_1、长为 r，连杆的质量为 m_2、长为 l，滑块的质量为 m_3。在图示瞬时，曲柄逆时针转动的角速度为 ω，则机构在该瞬时的动量等于________。

二、判断题

1. 质点系内各质点动量的矢量和，即质点系的动量系的主矢，称为质点系的动量。（　　）

2. 质点系的质量与其质心速度的乘积等于质点系的动量。（　　）

3. 质点系的质量与其质心加速度的乘积等于质点系外力系的主矢。（　）

4. 质点系动量守恒和质心运动守恒的条件是：质点系外力系的主矢恒等于零；质点系在某坐标轴方向动量守恒和质心运动守恒的条件是：质点系外力系的主矢在该轴上的投影恒等于零。（　）

5. 质点系的质心位置守恒的条件是质点系外力系的主矢恒等于零，且质心的初速度也等于零。（　）

三、选择题

1. 质点系的动量对时间的一阶导数等于（　）。

A. 质点系外力系的合力　　B. 质点系外力系的主矢

2. 图 13-3 所示平面四连杆机构中，曲柄 O_1A，O_2B 和连杆 AB 皆可视为质量为 m，长为 $2r$ 的均质细杆。在图示瞬时，曲柄 O_1A 逆时针转动的角速度为 ω，则在该瞬时此系统的动量为（　）。

A. $2mr\omega\boldsymbol{i}$　　B. $3mr\omega\boldsymbol{i}$

C. $4mr\omega\boldsymbol{i}$　　D. $6mr\omega\boldsymbol{i}$

3. 图 13-4 所示平面机构中，物块 A 的质量为 m_1，可沿水平直线轨道滑动。均质杆 AB 的质量为 m_2，长为 $2l$，其 A 端与物块铰接，B 端固连一质量为 m_3 的重质点。在图示瞬时，物块的速度为 $\boldsymbol{v}$，杆的角速度为 $\boldsymbol{\omega}$，则此平面机构在该瞬时的动量为（　）。

A. $(m_1+m_2+m_3)v\,\boldsymbol{i}$

B. $[m_1v-(m_2+2m_3)l\omega\cos\theta]\boldsymbol{i}-(m_2+2m_3)l\omega\sin\theta\boldsymbol{j}$

C. $[m_1v-(m_2+2m_3)l\omega\cos\theta]\boldsymbol{i}+(m_2+2m_3)l\omega\sin\theta\boldsymbol{j}$

D. $[(m_1+m_2+2m_3)v-(m_2+2m_3)l\omega\cos\theta]\boldsymbol{i}-(m_2+2m_3)l\omega\sin\theta\boldsymbol{j}$

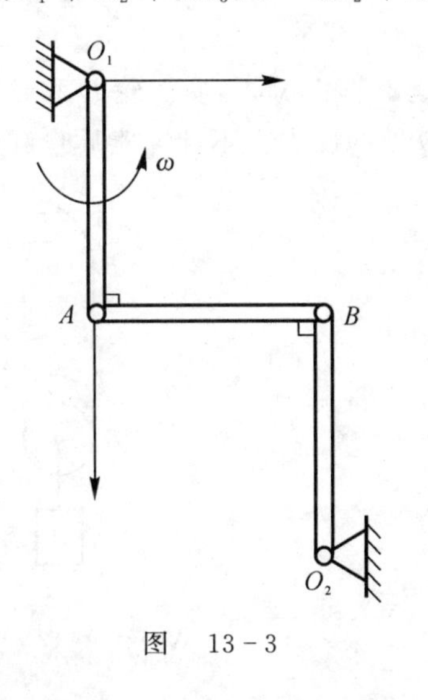

图　13-3

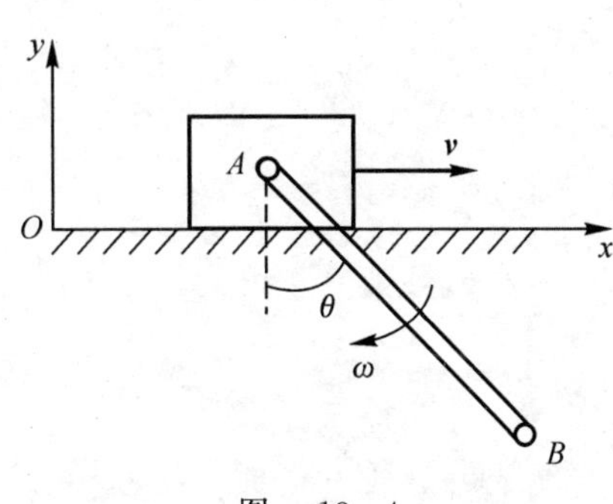

图　13-4

四、计算题

1. 如图 13-5 所示，卡车-拖车沿水平直线路面从静止开始加速运动，在 20 s 末，速度达到 40 km/h。已知卡车、拖车的质量分别为 5 t，15 t，卡车和拖车的从动轮的摩擦力分别为 0.5 kN，1.0 kN。试求卡车主动轮（后轮）产生的平均牵引力及卡车作用于拖车的平均拉力。

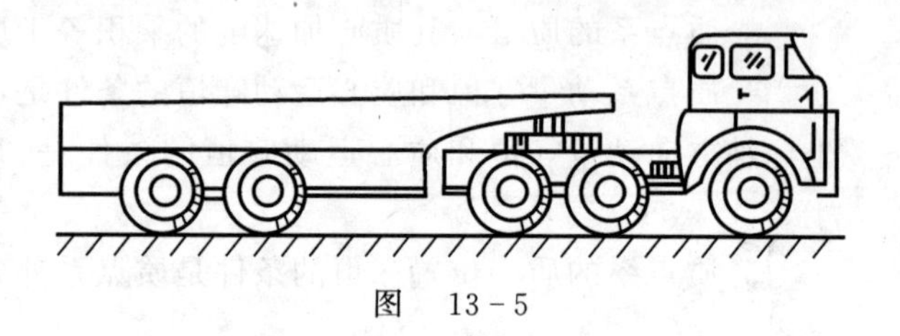

图　13－5

2. 图 13－6 所示匀质杆 OA 长 $2l$，重 $\boldsymbol{P}$，绕着通过 O 端的水平轴在铅直面内转动。当转到与水平线成 φ 时，角速度和角加速度分别为 ω 和 α，求此时 O 端的约束反力。

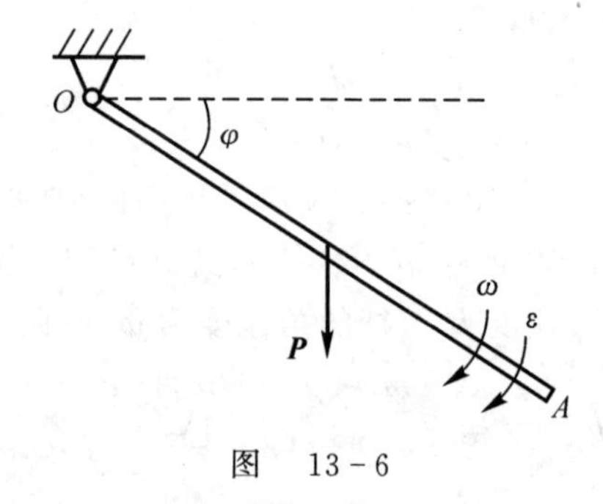

图　13－6

3. 图 13－7 所示系统中两重物 A 和 B 的质量分别是 m_{A} 和 m_{B}，匀质滑轮 D 和 E 质量分别是 m_{D} 和 m_{E}。若重物 B 下降的加速度为 $\boldsymbol{a}$，试求轴承 O 处的反力。不计绳索质量和摩擦。

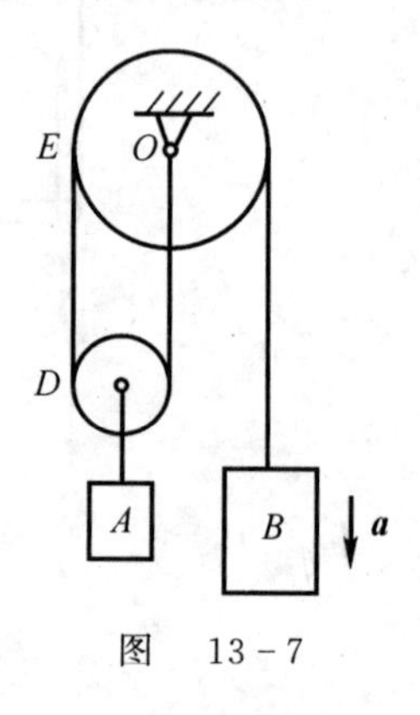

图　13－7

4. 图 13－8 所示物体 A 和 B 的质量是 m_1 和 m_2，用跨过滑轮 C 的绳索相连而放在直角三棱柱的两个光滑斜面上。三棱柱质量是 m_3，底面 DE 放在光滑水平面上，初瞬时系统处于静止。设 $m_3=4m_1=16m_2$，试求物体 A 降落高度 $h=10$ cm 时，三棱柱沿水平面的位移。绳索和滑轮的质量不计。

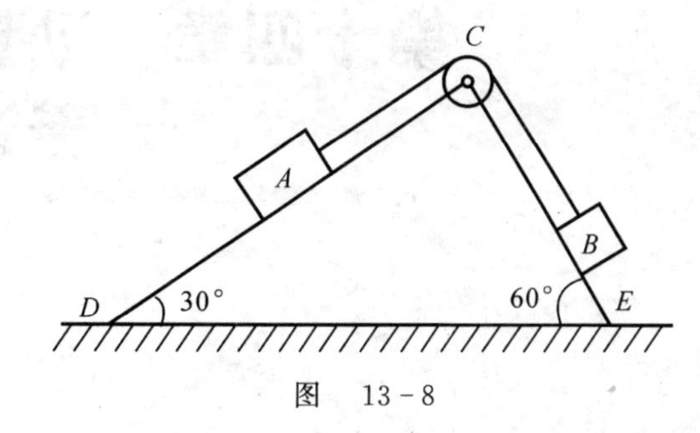

图　13-8

5. 图 13-9 所示为一直径 $d=30$ cm 的水管管道，有一个 135° 的弯头，水的流量 $Q=0.57\ \mathrm{m^3/s}$。求水流对弯头的附加动反力。

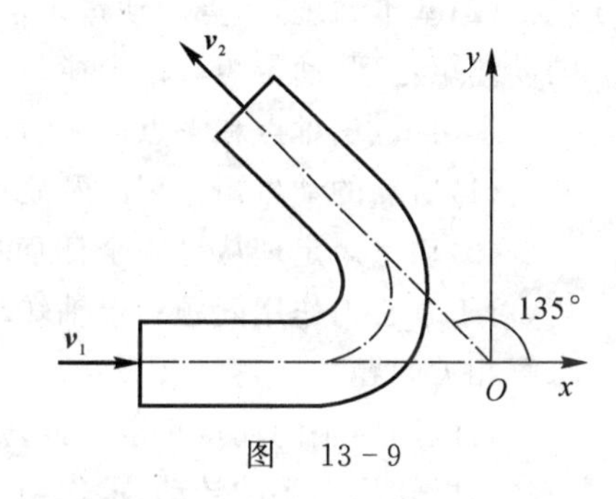

图　13-9

6. 如图 13-10 所示，重 $\boldsymbol{P}_1$ 的电动机，在转动轴上装一重 $\boldsymbol{P}_2$ 的偏心轮，偏心距离为 e。电动机以匀角速度 ω 转动。(1) 设电动机的外壳用螺杆固定在基础上，求作用于螺杆上的最大水平剪力。(2) 若不用螺杆固定，问当转速为多大时，电动机会跳离地面？

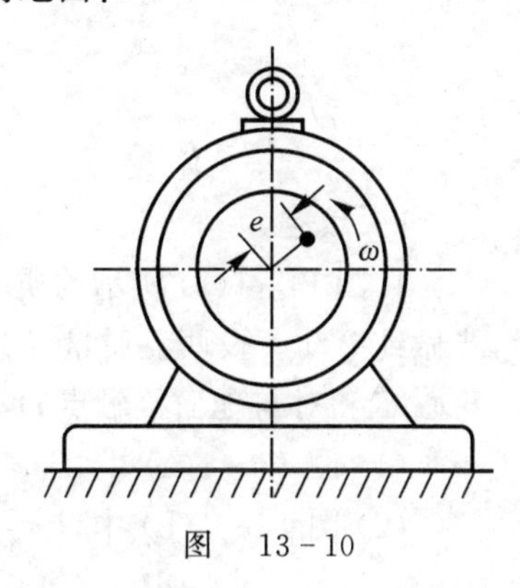

图　13-10

第十四章　动量矩定理·动力学普遍定理综合应用

内容导学

主要知识点：

(1)基本概念：质点的动量矩，质点系的动量矩，转动惯量。

(2)基本原理：质点的动量矩定理，质点系的动量矩，刚体绕定轴转动微分方程，相对质心的动量矩定理，动量矩守恒定律。

学习重点、难点和考点：

(1)质点的动量矩定理以及质点系的动量矩定理的应用。

(2)动量矩定理从另一个侧面反映了机械运动规律，即动量矩对时间的变化率等于外力矩，对于有心力作用问题和定轴转动的动力学问题，用动量矩定理求解特别有效，要能利用它求解相关问题。

常应用对轴的动量矩定理或转动微分方程式解决以下各方面的问题：

1)已知质点系的转动，求作用于质点系的外力或外力矩，特别是对轴有矩的约束反力。

2)已知外力矩是常数或只是时间的函数，求刚体转动的角加速度、角速度、转动方程。

3)已知外力矩等于零或外力对轴之矩代数和等于零，应用动量矩守恒定理求运动。动量矩和转动惯量是应用动量矩定理或转动微分方程时的两个基本物理量。

同步练习

一、填空题

1. 图 14－1(a) 所示均质圆盘沿水平地面做直线平动，图 14－2(b) 所示均质圆盘沿水平直线做纯滚动。设两盘质量皆为 m，半径皆为 r，轮心 C 的速度皆为 $\boldsymbol{v}$，则在图示瞬时，它们各自对轮心 C 和对与地面接触点 D 的动量矩分别为

(1) 图 14－1(a) 中，$L_C=$________，$L_D=$________；

(2) 图 14－1(b) 中，$L_C=$________，$L_D=$________。

2. 动量矩定理 $\dfrac{\mathrm{d}\boldsymbol{L}_O}{\mathrm{d}t}=\boldsymbol{M}_O^{(e)}$ 成立的条件是________。

3. 如图 14－2 所示，轮 Ⅱ 由系杆 O_1O_2 带动在固定轮 Ⅰ 上无滑动滚动，两轮半径分别为 R_1，R_2，轮 Ⅱ 的质量为 m，系杆的角速度为 ω，则轮 Ⅱ 对固定轴 O_1 的动量矩为________。

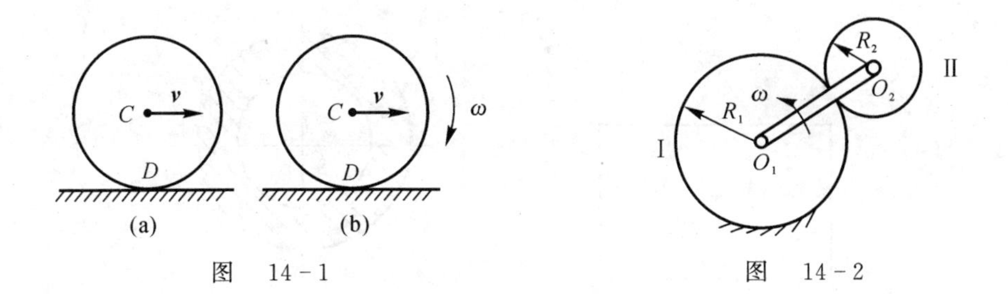

图　14-1　　　　图　14-2

二、判断题

1.刚体对 z 轴的回转半径等于其质心至 z 轴的距离。　(　　)

2.如果刚体具有质量对称轴，则该轴是刚体在轴上任一点处的惯性主轴之一，同时也是刚体的一根中心惯性主轴。　(　　)

3.刚体对某轴的回转半径等于其质心到该轴的距离。　(　　)

4.质点系对质心的相对运动动量矩等于其绝对运动动量矩。　(　　)

5.两个完全相同的圆盘，在光滑水平面上等速反向平动。当两圆盘相切时，由于摩擦，两圆盘产生同向转动（见图14-3），此时系统的动量矩不变。　(　　)

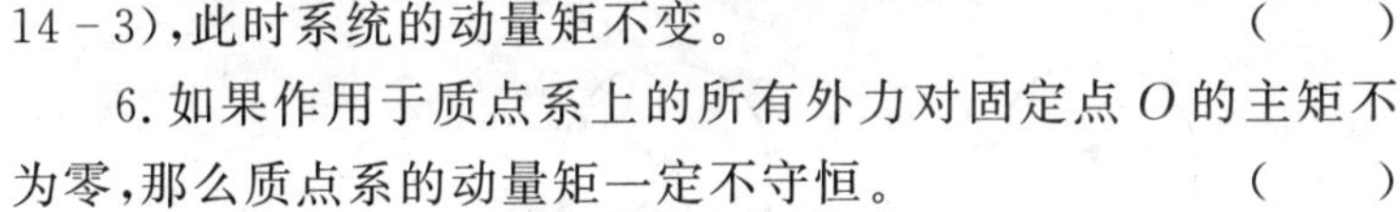

6.如果作用于质点系上的所有外力对固定点 O 的主矩不为零，那么质点系的动量矩一定不守恒。　(　　)

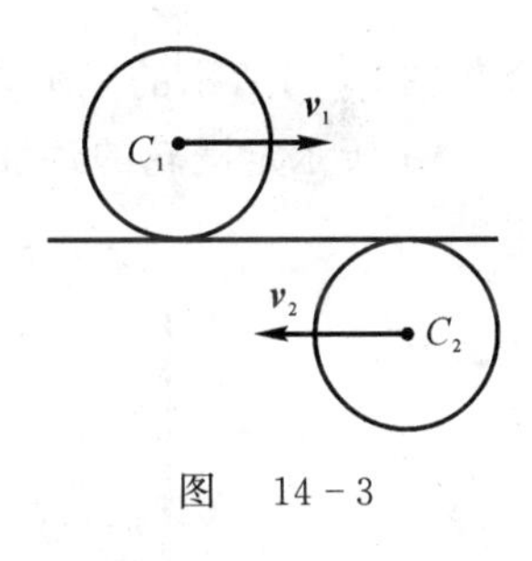

图　14-3

7.动力学普遍定理包括：动量定理、动量矩定理、动能定理以及由这三个基本定理推导出来的其他一些定理，如质心运动定理等。　(　　)

8.质点系的内力不能改变质点系的动量和动量矩，也不能改变质点系的动能。　(　　)

9.若平面运动刚体所受外力系的主矢为零，则刚体只能绕质心轴转动。　(　　)

10.若平面运动刚体所受外力系对质心的主矩为零，则刚体只能平动。　(　　)

11.当圆盘沿固定轨道做纯滚动时，轨道对圆盘一定作用有静摩擦力。　(　　)

三、选择题

1.在一组平行轴中，刚体对质心轴的转动惯量(　　)。

A.最大　　B.最小

2.如图14-4所示的 A,O,C 三轴皆垂直于矩形板的板面。已知非均质矩形板的质量为 m，对 A 轴的转动惯量为 J，点 O 为板的形心，点 C 为板的质心。若长度 $\overline{AO}=a,\overline{CO}=e,\overline{AC}=l$，则板对形心轴 O 的转动惯量为(　　)。

A. $J-ma^2$　　B. $J+ma^2$

C. $J-m(l^2-e^2)$　　D. $J-m(l^2+e^2)$

3.如图14-5所示的均质圆环形盘的质量为 m，内外直径分别为 d 和 D。则此盘对垂直于盘面的中心轴 O 的转动惯量为(　　)。

A. $\frac{1}{8}md^2$　　B. $\frac{1}{8}mD^2$

C. $\frac{1}{8}m(D^2-d^2)$　　D. $\frac{1}{8}m(D^2+d^2)$

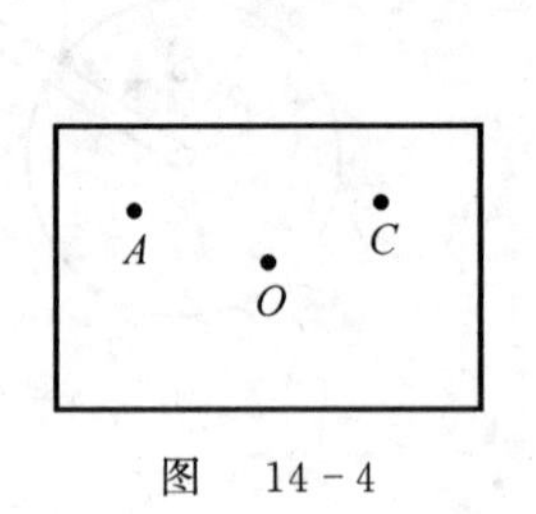

图 14-4

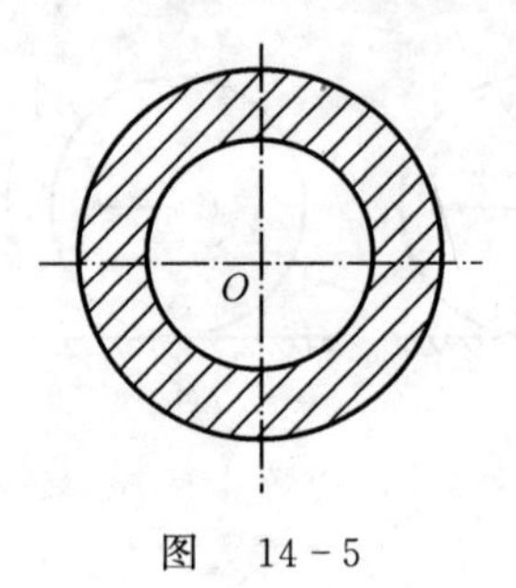

图 14-5

4. 均质圆盘重为 P，半径为 r，圆心为 C，绕偏心轴以角速度 ω 转动，偏心距 $\overline{OC}=e$，则圆盘对固定轴 O 的动量矩为(　　)。

A. $\dfrac{P}{2g}(r+e)^2\omega$　　B. $\dfrac{P}{2g}(r^2+2e^2)\omega$

C. $\dfrac{P}{2g}(r^2+e^2)\omega$　　D. $\dfrac{P}{2g}(r^2+2e^2)\omega^2$

5. 图 14-6 所示的三个均质定滑轮的质量和半径皆相同。不计绳的质量和轴承的摩擦，则图(　　)所示定滑轮的角加速度最大；图(　　)所示定滑轮的角加速度最小。

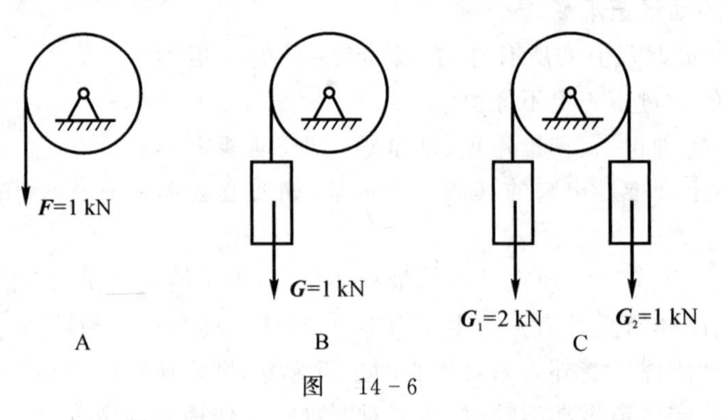

图 14-6

6. 如图 14-7 所示，均质长方形板由 A、B 两处的滑动轮支撑在光滑水平面上。板初始处于静止状态。若突然撤去 B 端的支撑轮，则此瞬时(　　)。

A. A 点的水平向左的加速度　　B. A 点有水平向右的加速度

C. A 点加速度方向垂直向上　　D. A 点加速度为零

7. 如图 14-8 所示，水平均质杆 OA 重为 $\boldsymbol{P}$，细绳 AB 未剪断前 O 点的支反力为 $P/2$。现将绳剪断，则在剪断 AB 绳的瞬时(　　)。

A. O 点支反力仍为 $P/2$　　B. O 点支反力小于 $P/2$

C. O 点支反力大于 $P/2$　　D. O 点支反力为零

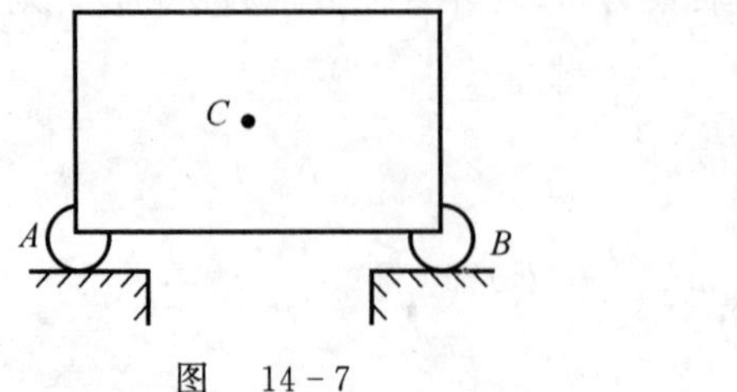

图 14-7

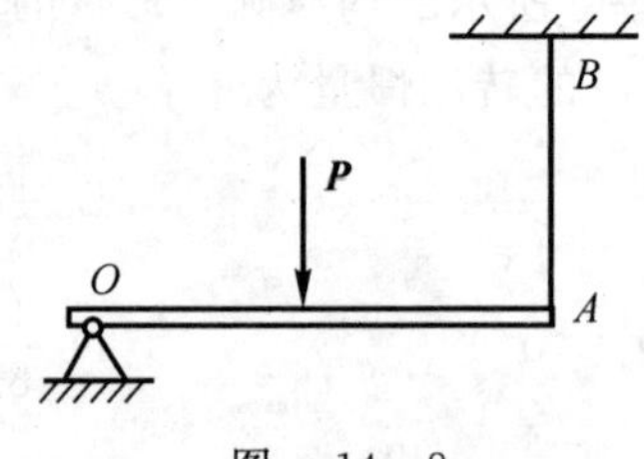

图 14-8

四、计算题

1. 如图14-9所示，已知均质杆AB长为l，质量为m，垂直于杆的两平行轴z_1和z_2间的距离$d=\frac{3}{4}l$，轴z_1通过杆端A。求杆AB对轴z_2的转动惯量。

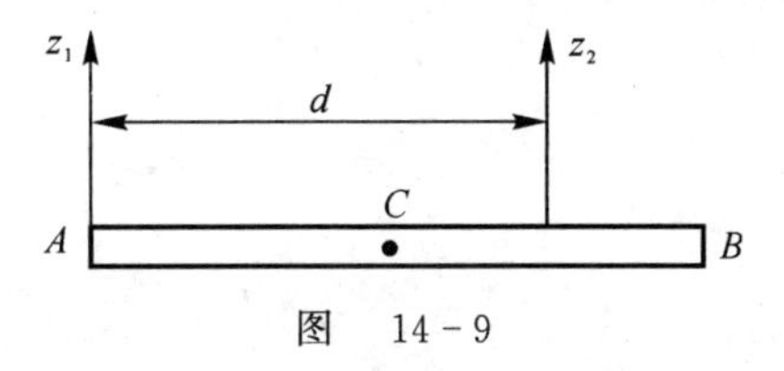

图　14-9

2. 如图14-10所示的均质圆盘上有一个偏心圆孔，试求该圆盘对轴z的转动惯量。圆盘的材料密度$\rho=7\ 850\ \mathrm{kg/m^3}$，图中的长度单位为mm。

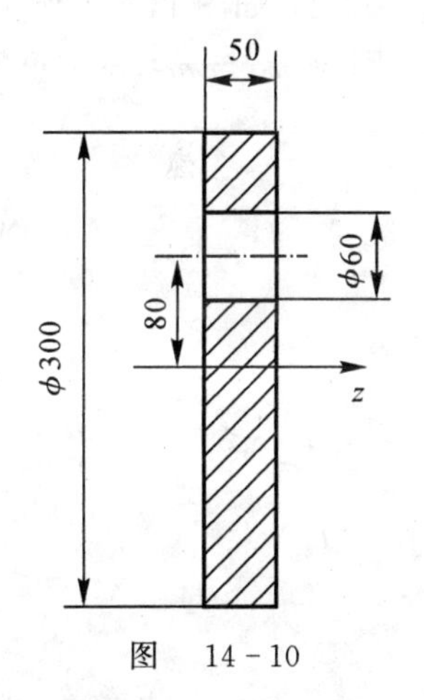

图　14-10

3. 如图14-11所示的冲击摆可近似地视为由均质细杆OA和均质圆盘组成。已知杆的质量为m_1，长为l；圆盘的质量为m_2，半径为r。求摆对通过杆端O并与盘面垂直的轴z的转动惯量。

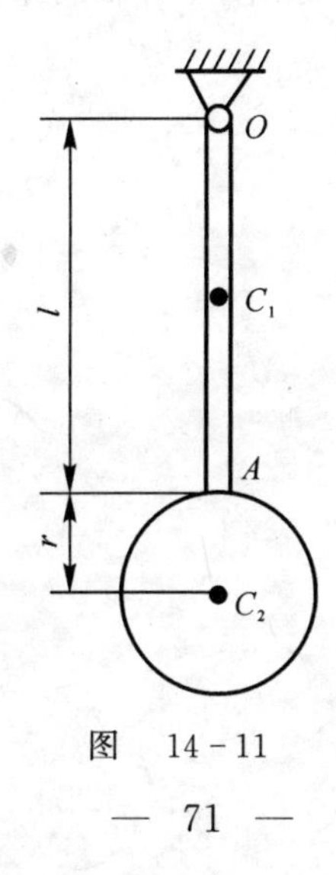

图　14-11

4. 图 14－12 所示均质圆盘半径为 R，质量为 m；细杆长为 l，绕 O 轴转动的角速度为 ω，杆重不计。求下列三种情况下圆盘对固定轴 O 的动量矩：(1) 圆盘固定于杆上；(2) 圆盘绕 A 轴转动，相对于杆 OA 的角速度也为 ω；(3) 圆盘绕 A 轴转动，相对于杆 OA 的角速度为 $-\omega$。

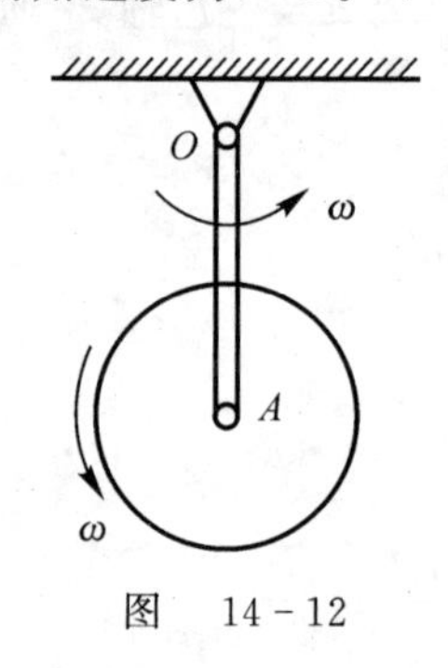

图 14－12

5. 如图 14－13 所示，阿特武德机的滑轮质量为 M，半径为 r，两重物系于绳的两端，质量分别为 m_1 与 m_2，试求重物的加速度。

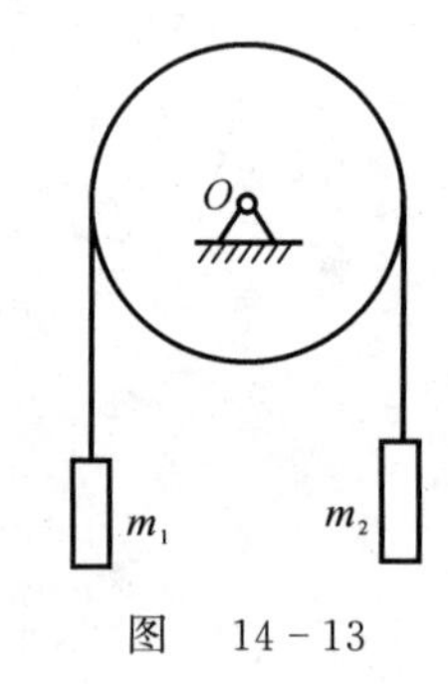

图 14－13

6. 图 14－14 所示为半径为 R，质量为 m_1 的均质圆盘，可绕通过其中心的铅垂轴无摩擦地转动；另一质量为 m_2 的人按规律 $s=\frac{1}{2}at^2$ 沿距 O 轴半径为 r 的圆周行走。开始时，圆盘和人静止，不计轴的摩擦，求圆盘的角速度和角加速度。

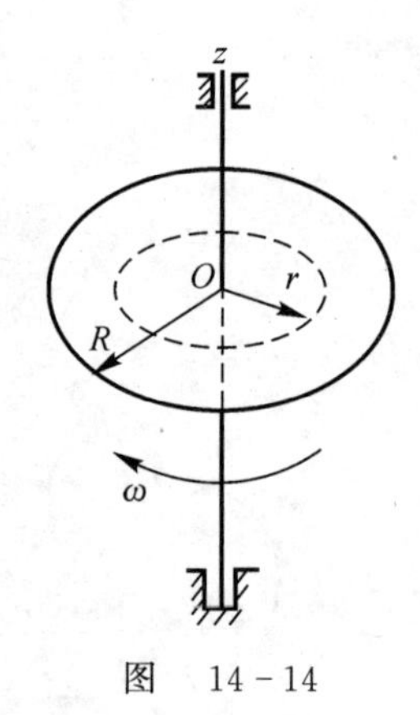

图 14－14

7. 如图 14－15 所示，均质圆盘的质量为 m，半径为 r，置于倾角为 θ 的斜面上，若圆盘与斜面间的摩擦因数为 f_s，求圆盘质心 C 的加速度。

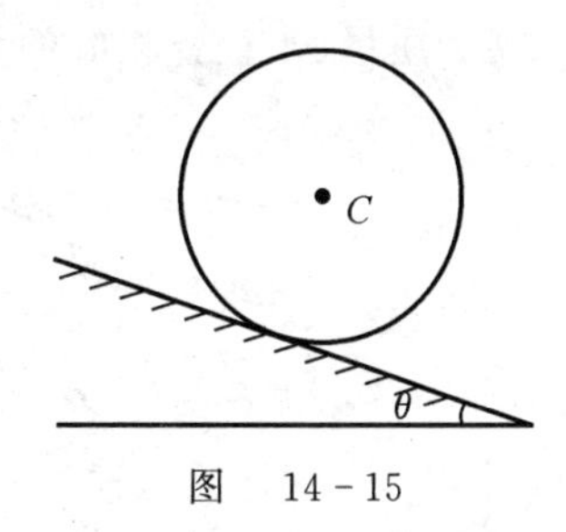

图　14－15

8. 如图 14－16 所示，均质杆 AB 长为 l，质量为 m，用两根细绳悬挂于图示水平位置。设绳与杆的夹角为 θ，且 $\overline{OA}=\overline{OB}$，求当细绳 OB 被突然剪断时，OA 绳的拉力。

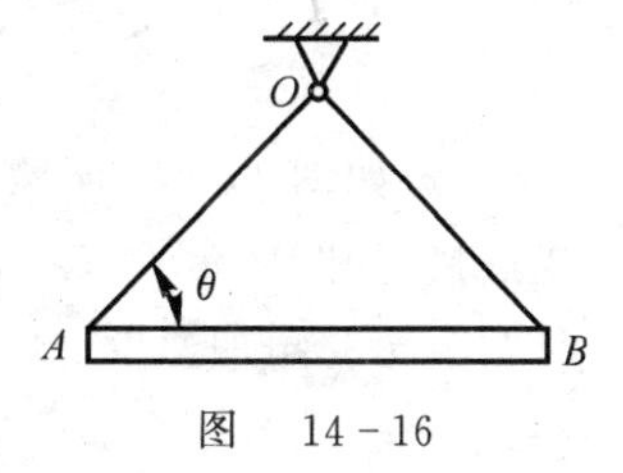

图　14－16

9. 如图 14－17 所示，均质圆柱体的半径为 r，与水平面间的滑动摩擦因数为 f。初瞬时圆柱体的角速度为 ω_0，质心 C 的速度为 v_0，且 $v_0 > r\omega_0$。试问经过多少时间，圆柱体才能只滚不滑地向前运动，并求该瞬时圆柱体质心 C 的速度。

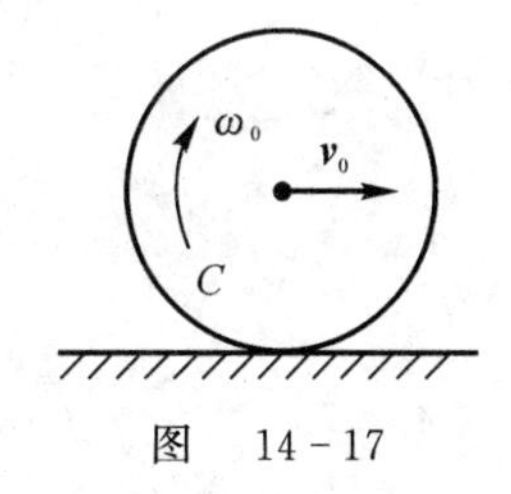

图　14－17

10. 如图 14－18 所示，半径为 r 的均质圆柱体放在倾角 θ 的斜面上，缠绕在圆柱体上的细绳一端固定于 A 点，如图所示。若圆柱体与斜面间的摩擦因数为 f，求圆柱体质心 C 的加速度。

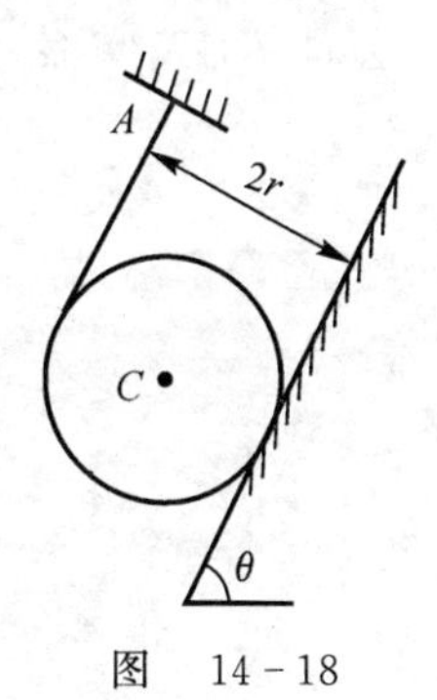

图　14－18

11. 图 14-19 所示的滚子 A 的质量为 m，沿倾角为 φ 的固定斜面向下滚动而不滑动。滚子借一跨过滑轮 B 的软绳提升一质量为 M 的物体，同时滑轮 B 绕 O 轴转动。滚子 A 和滑轮 B 可视为质量、半径皆相等的均质圆盘。求滚子中心的加速度和系在滚子上的软绳的张力。

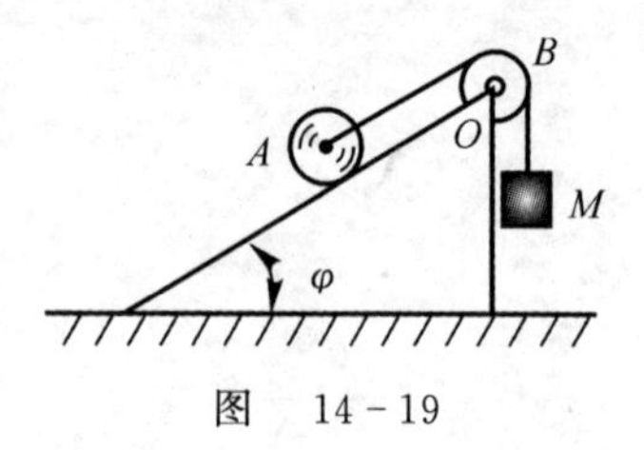

图 14-19

12. 如图 14-20 所示，两均质轮 A 和 B 的质量分别为 m_1 和 m_2，半径分别为 R_1 和 R_2，用细绳连接(如图所示)。轮 A 绕固定轴 O 转动，细绳的质量与轴承摩擦忽略不计。求当轮 B 下落时两个轮的角加速度、B 轮质心 C 的加速度以及绳的张力。

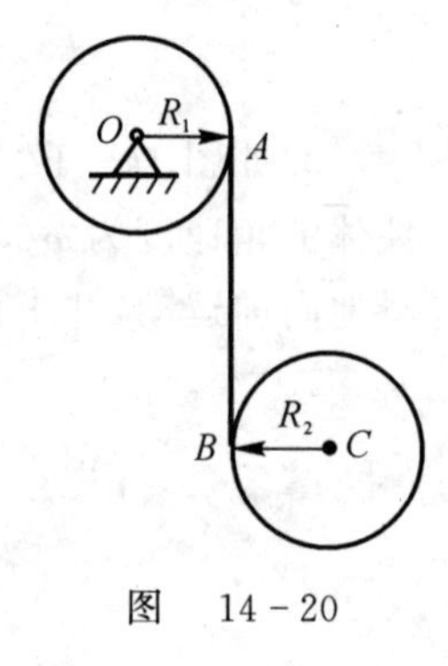

图 14-20

13. 图 14-21 所示的均质圆柱质量为 m，半径为 r。当其质心 C 位于与 O 在同一高度的 A_0 位置时，由静止开始滚动而不滑动。求当圆柱滚至半径为 R 的圆弧 AB 上时，作用于圆柱上的法向反力及摩擦力(用 θ 表示)。

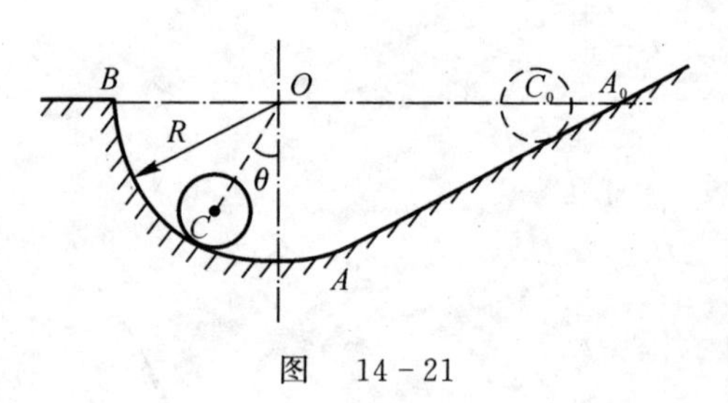

图 14-21

14. 图 14-22 所示的质量皆为 m，半径分别为 $2r$ 和 r 的两均质圆盘固连在一起。初瞬时两盘心连线 AB 铅垂，系统静止。试求当 AB 运动至水平位置时系统的角速度及光滑固定水平面的约束力。

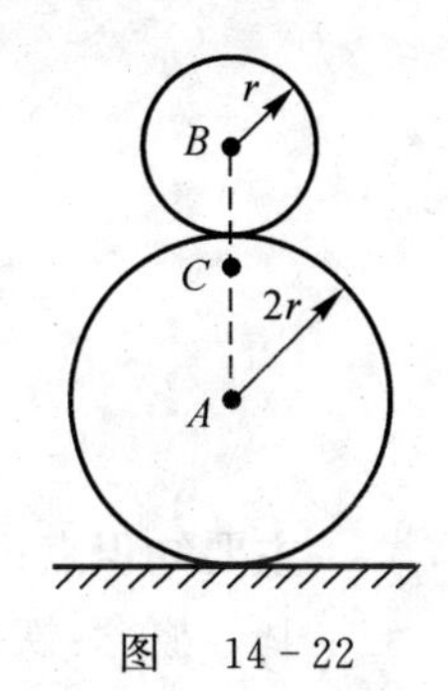

图　14-22

第十五章　碰　　撞

内 容 导 学

主要知识点：

基本概念：恢复因数，撞击中心。

学习重点、难点和考点：

(1)用于碰撞问题的基本定理及其应用。

(2)在分析碰撞动力学问题时，要分清碰撞前、碰撞过程和碰撞后三个阶段。在碰撞前、后(即非碰撞过程)两个阶段，可用动力学的各种定理或定律，在碰撞过程阶段只能用积分形式的动量定理(或质心运动定理)和动量矩定理，不能应用动能定理，因为碰撞力的功很难计算，也不能应用质点动力学基本方程，因为度量碰撞的基本物理量是力的冲量而不是作用力。对于碰撞过程，要分清碰撞力和平常力，略去平常力和物体的位移；要分清内碰撞冲量和外碰撞冲量，内碰撞冲量对系统的动量(动量矩)无影响；要分析是否存在动量守恒或动量矩守恒，然后利用碰撞基本定理和恢复因数公式求解碰撞过程中的物理量。质心运动定理是质点系动量定理的另一种形式，它说明质心的运动与外力之间的关系，质心运动定理常用在刚体或刚体系统动力学中，要能利用它求解相关问题。

同 步 练 习

一、填空题

1. 图 15-1(a)(b) 中各球质量及半径都相等，A 球以速度 v_0 在水平面上做纯滚动，其余各球皆静止。设发生完全弹性正碰撞，各球间摩擦不计，则(1) 只有 A,B 两球时，碰撞后各球的速度分别为________；(2) 有 A,B,C,D,E 五个小球时，碰撞后各球的速度分别为________。

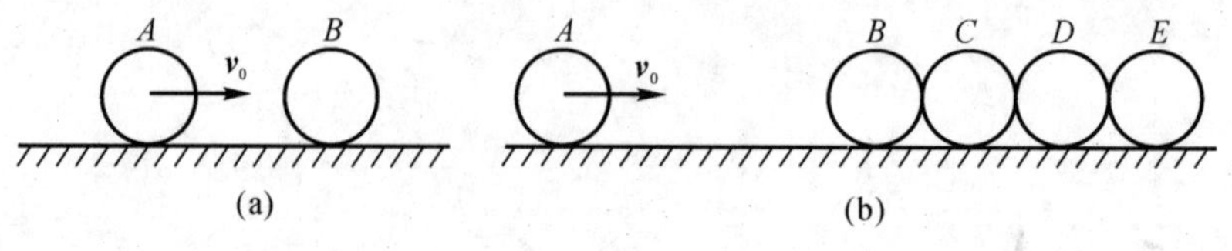

图　15-1

2. 如图 15-2 所示，均质细杆 AB 自铅垂静止位置绕 A 轴倒下，碰到固定钉子 O 后弹回至水平位置。碰撞时的恢复因数 e 为________。

3. 具有质量对称面的定轴转动刚体，当其质心在转轴 O 上时，该刚体的撞击中心到转轴 O 的距离 h 应为________。

二、判断题

1. 恢复因数 e 可用来度量碰撞后变形恢复的程度，它等于恢复阶段与变形阶段碰撞冲量大小 I_2 与 I_1 之比，即 $e=I_2/I_1$。（　　）

2. 两碰撞物体的质心在同一直线上的碰撞一定是对心碰撞。（　　）

3. 由于碰撞过程中物体的位移可忽略不计，因此作用于物体上的各种力所做功均等于零，故碰撞过程中系统的动能守恒。（　　）

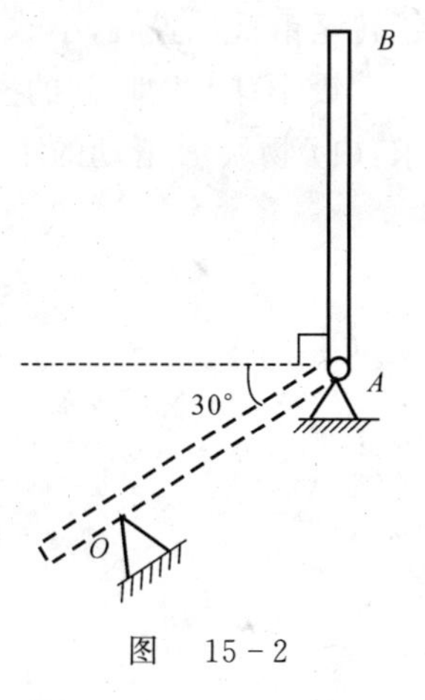

图　15-2

三、选择题

1. 设锤的质量为 M，桩的质量为 m_1，锻件连同砧座的质量为 m_2。为了提高打桩和锻造的效率，则应（　　）。

A. $M<m_1, M>m_2$　　B. $M>m_1, M<m_2$

C. $M>m_1, M>m_2$　　D. $M<m_1, M<m_2$

2. 不计摩擦，当物体与固定面斜碰撞时，恢复因数应为（　　）。

A. 碰撞后与碰撞前速度大小之比

B. 碰撞后与碰撞前速度在接触面法线方向的投影之比

C. 碰撞后与碰撞前速度在接触面切线方向的投影之比

D. 碰撞后与碰撞前物体动能之比

3. 在塑性碰撞过程中损失的动能可由（　　）完全确定。

A. 两物体碰撞前的相对速度　　B. 两物体的质量

C. 两物体的质量比与碰撞前的相对速度　　D. 两物体碰撞前后的速度

四、计算题

1. 如图 15-3 所示，物体 A 自高度 h 处自由落下，与安装在弹簧上的平台 B 相撞。已知 A 的质量为 m_A，B 的质量为 m_B，弹簧的刚度系数为 k。设碰撞后两物一起运动，求当碰撞结束时的速度 $\boldsymbol{v}$ 和弹簧的最大压缩量。

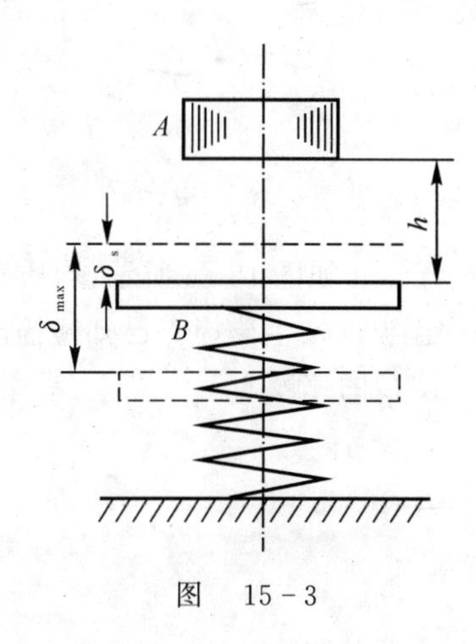

图　15-3

2. 如图 15-4 所示，小球 A 的质量 $m=4$ kg，悬线长 $l=3$ m，自水平位置无初速释放，当悬线转至铅垂位置时，小球 A 击中质量 $m_1=5$ kg 的物块 B，物块 B 在水平面上滑行距离 s 后停止。设小球与物块间的碰撞恢复因数 $e=0.8$，物块与水平面间的动滑动摩擦因数 $f=0.3$。试求：(1) 物块 B 滑动的距离 s；(2) 碰撞后悬线转过的角度 θ。

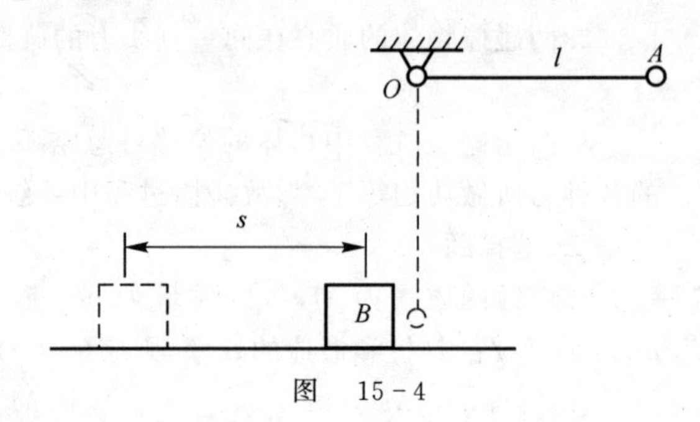

图 15-4

3. 如图 15-5 所示，均质细杆 AB 从水平位置无初速地落下，到铅垂位置时撞击一静止的均质圆球。设杆与球的质量皆为 m，杆长为 l，杆与球间的碰撞恢复因数为 e。求当碰撞结束时球心 C 的速度。

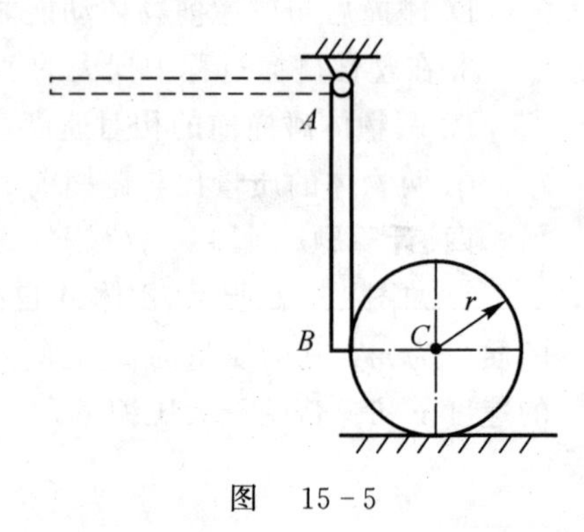

图 15-5

4. 如图 15-6 所示，均质直杆 AB 的长为 l，质量为 $\boldsymbol{m}$，由静止开始以速度 $\boldsymbol{v}_0$ 水平下落，与固定点 D 发生碰撞。已知碰撞时的恢复因数 $e=0.5$，试求当碰撞结束时杆 AB 的角速度 ω 及质心 C 的速度 $\boldsymbol{v}_C$。

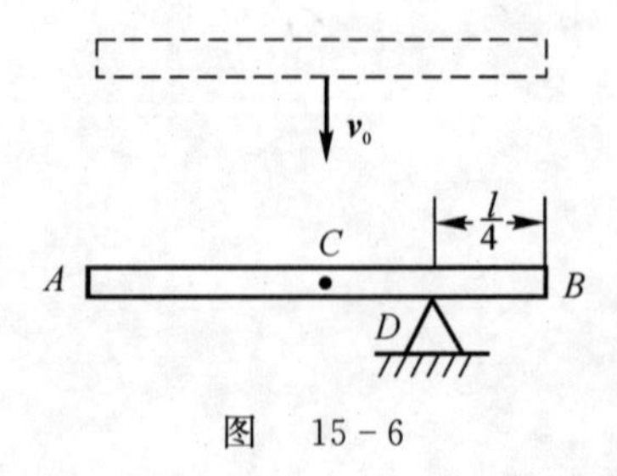

图 15-6

5. 如图 15－7 所示，质量为 m_1 的物块 A 置于光滑水平面上，它与质量为 m_2，长为 l 的均质杆 AB 铰接。系统初始静止，AB 铅垂，$m_1=2m_2$。现有一冲量为 $\boldsymbol{I}$ 的水平碰撞力作用于杆的 B 端，求当碰撞结束时，物块 A 的速度。

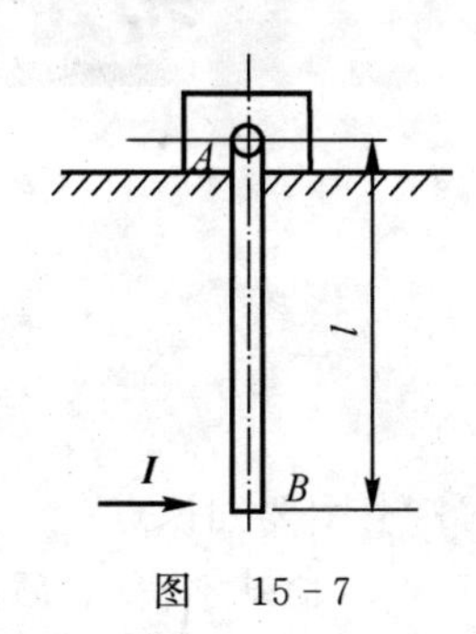

图　15－7

第十六章　达朗贝尔原理和动静法

内容导学

主要知识点：

(1)基本概念：质点的惯性力，惯性积，惯性主轴，中心惯性主轴，静平衡，动平衡。

(2)基本原理：质点的达朗贝尔原理及质点系的达朗贝尔原理，

学习重点、难点和考点：

(1)刚体做平动、定轴转动和平面运动时惯性力系的简化结果。

(2)达朗贝尔原理及应用达朗贝尔原理(动静法)求解动力学问题。

同步练习

一、填空题

1. 均质杆 AB 的质量为 m，由三根等长细绳悬挂在水平位置，在图 16-1 所示位置突然割断 O_1B，则该瞬时杆 AB 的加速度为________(表示为 θ 的函数，方向在图中画出)。

2. 如图 16-2 所示，半径为 R 的圆环在水平面内绕铅垂轴 O 以角速度 ω，角加速度 α 转动。环内有一质量为 m 的光滑小球 M，图示瞬时(θ 为已知) 有相对速度 $\boldsymbol{v}_r$(方向如图)，则该瞬时小球的科惯性力 $F_{Ic}=$________；牵连惯性力 $F_{Ie}^{\tau}=$________，$F_{Ie}^{n}=$________(方向在图中画出)。

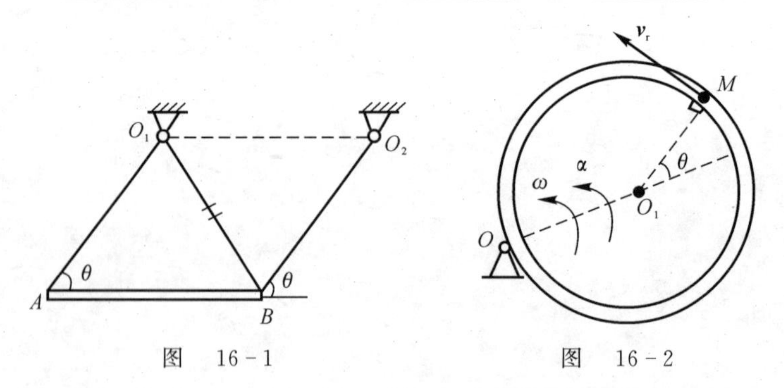

图　16-1　　　　图　16-2

3. 如图 16-3 所示，均质圆盘半径为 R，质量为 m，沿斜面做纯滚动。已知轮心加速度为 $\boldsymbol{a}$，则圆盘各质点的惯性力向 O 点简化的结果是：惯性力系在矢 $\boldsymbol{F}'_{IR}$ 的大小等于________，惯性力系主矩 $\boldsymbol{M}_{IO}$ 的大小等于________(方向在图中画出)。

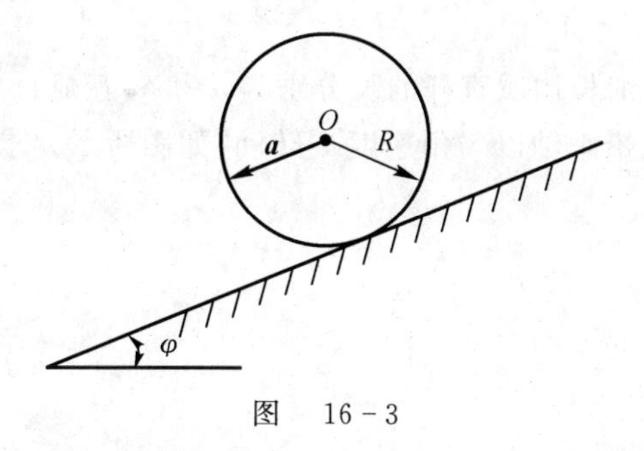

图　16－3

二、判断题

1. 凡是运动的物体都有惯性力。　　(　　)

2. 作用在质点系上的所有外力和质点系中所有质点的惯性力在形式上组成平衡力系。　　(　　)

3. 火车加速运动时，第一节车厢的挂钩受力最大。　　(　　)

4. 处于瞬时平动状态的刚体，在该瞬时其惯性力系向质心简化的主矩必为零。　　(　　)

5. 平面运动刚体惯性力系的合力必作用在刚体的质心上。　　(　　)

三、选择题

1. 刚体做定轴转动时，附加动反力为零的充要条件是(　　)。

A. 刚体的质心位于转动轴上

B. 刚体有质量对称平面，且转动轴与对称平面垂直

C. 转动轴是中心惯性主轴

D. 刚体有质量对称轴，转动轴过质心与该对称轴垂直

2. 如图 16－4 所示，均质细杆 AB 长为 l，重为 P，与铅垂轴固结成角 $\alpha=30°$，并以匀角速度 ω 转动，则杆惯性力系的合力的大小等于(　　)。

A. $\dfrac{\sqrt{3}l^2P\omega^2}{8g}$　　B. $\dfrac{l^2P\omega^2}{2g}$　　C. $\dfrac{lP\omega^2}{2g}$　　D. $\dfrac{IP\omega^2}{4g}$

3. 图 16－5 所示飞轮由于安装的误差，其质心不在转轴上。如果偏心距为 e，当飞轮以匀角速度 ω 转动时，轴承 A 处的附加动反力的大小为 F'_{NA}，则当飞轮以匀角速度 2ω 转动时，轴承 A 处的附加动反力的大小为(　　)。

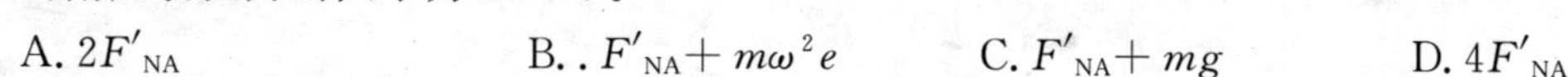

A. $2F'_{NA}$　　B. . $F'_{NA}+m\omega^2e$　　C. $F'_{NA}+mg$　　D. $4F'_{NA}$

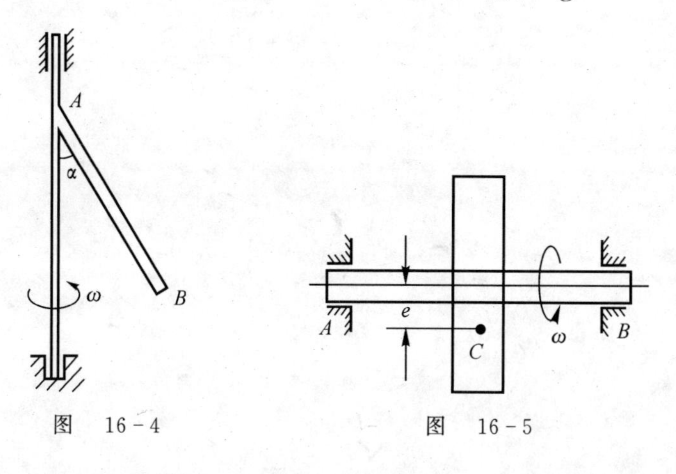

图　16－4　　　图　16－5

四、计算题

1. 如图 16－6 所示，两细长均质直杆的长分别为 a 和 b，互成直角地面结在一起，其顶点 O 则与铅垂轴以铰链相连，此铅垂轴以匀角速度 ω 转动，如图所示。求长为 a 的杆与铅垂轴的偏角 φ 和 ω 间的关系。

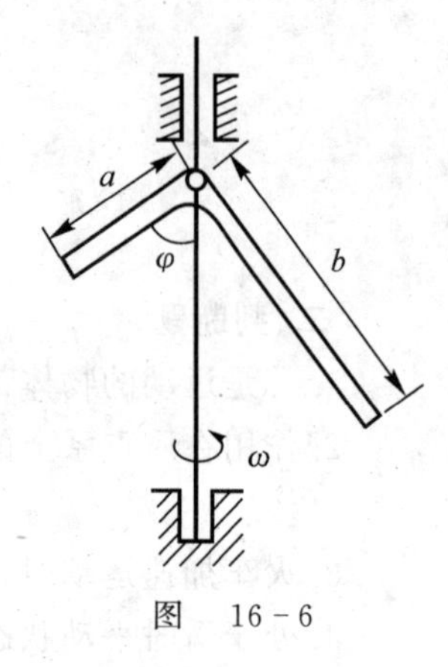

图 16－6

2. 图 16－7 所示半径为 R 的均质圆柱体的质量 $M=20$ kg，由绕在其上的水平绳子拉着做纯滚动，绳的另一端跨过定滑轮 B 系着质量为 $m=10$ kg 的重物 A。不计滑轮和绳子的质量，求：(1) 圆柱中心的加速度；(2) 水平段绳的拉力；(3) 地面对圆柱的摩擦力。

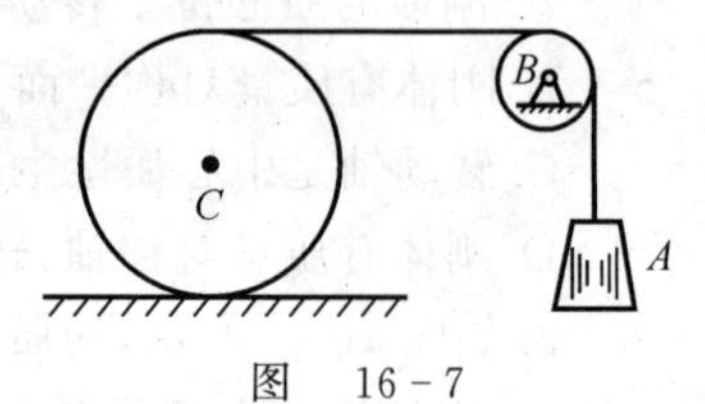

图 16－7

第十七章 虚位移原理

内容导学

主要知识点：

(1)基本概念：约束，约束方程，自由度，虚位移，虚功，理想约束。

(2)基本原理：虚位移原理(虚功方程)，

学习重点、难点和考点：

(1)虚位移和理想约束的概念。

(2)虚位移原理及其应用。虚位移原理给出了质点系平衡的充分必要条件，它是静力学的普遍原理。在刚体静力学中推导出的平衡条件只是质点系平衡的必要条件。当在理想约束条件下建立虚功方程时，不需要解除约束，因而可使不需要求解的约束反力不出现在方程中，从而简化了求解过程，为解决质点系平衡问题带来极大方便。

同步练习

一、填空题

1. 在图 17－1 所示各平面机构中：

(1) 图 17－1(a) 所示系统的自由度 $N=$________；

(2) 图 17－1(b) 所示系统的自由度 $N=$________；

(3) 图 17－1(c) 所示系统的自由度 $N=$________；

(4) 图 17－1(d) 所示的系统的自由度 $N=$________。

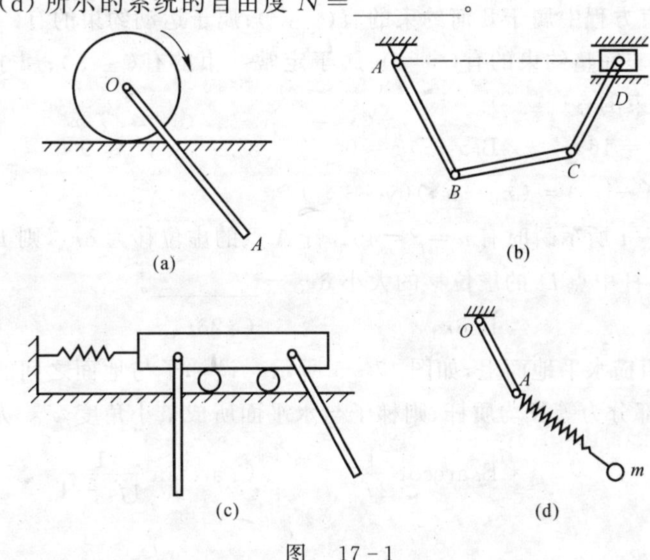

图 17－1

2. 在图 17-2 所示平面机构中，A，B，O_2 和 O_1，C 分别在两水平线上，O_1A 和 O_2C 分别在两铅垂线上，$\alpha=30°$，$\beta=45°$，A 和 C 点虚位移之间的关系为________。

3. 图 17-3 所示构架各斜杆长度均为 $2a$，在其中点相互铰接，$\theta=45°$，受已知力 $\boldsymbol{F}$ 作用，$F=20\ \mathrm{kN}$，各杆重量均不计，则 AB 杆的内力为________。

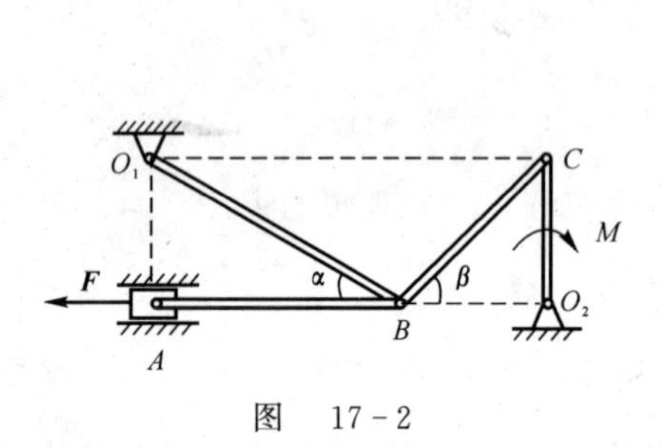

图 17-2

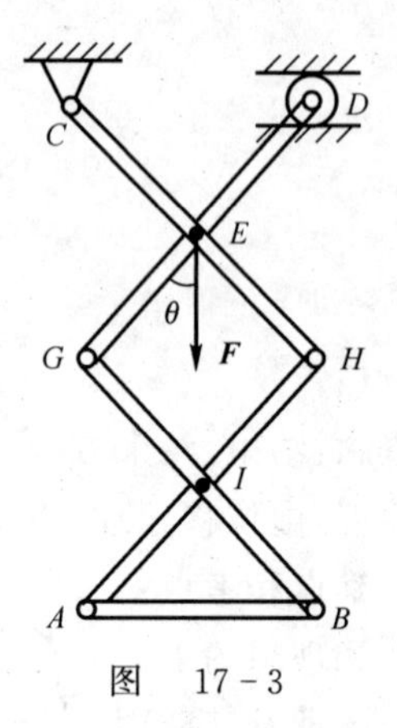

图 17-3

二、判断题

1. 质点系的虚位移是由约束条件决定的，与质点系运动的初始条件、受力及时间无关。 ( )

2. 因为实位移和虚位移都是约束所许可的，故实际的微小位移必定是诸虚位移中的一个。 ( )

3. 任意质点系平衡的充要条件都是：作用于质点系的主动力在系统的任何虚位移上的虚功之和等于零。 ( )

4. 系统的广义坐标数并不一定总是等于系统的自由度数。 ( )

5. 广义力的表达式随所取的广义坐标的不同而不同，故其单位可能是 N 或是 N·m 等。 ( )

三、选择题

1. 在以下的约束方程中属于几何约束的有( )；属于运动约束的有( )；属于完整约束的有( )；属于非完整约束的有( )；属于定常约束的有( )；属于非定常约束的有( )；属于单面约束的有( )。

A. $x^2+y^2+z^2=16$　　B. $\dot{x}-r\dot{\varphi}=0$　　C. $x^2+y^2\leqslant 9$　　D. $x^2+y^2=10t$

E. $(\dot{y}_1+\dot{y}_2)(x_1-x_2)=(\dot{x}_1+\dot{x}_2)(y_1-y_2)$

2. 机构在图 17-4 所示瞬时有 $\alpha=\beta=45°$，若 A 点的虚位移为 δr_A，则 B 点虚位移的大小 $\delta r_B=$________；OC 杆中点 D 的虚位移的大小 $\delta r_D=$________。

A. $0.5\delta r_A$　　B. δr_A　　C. $2\delta r_A$　　D. 0

3. 一折梯放在粗糙水平地面上，如图 17-5 所示。设梯子与地面之间的滑动摩擦因数为 f_s，且 AC 和 BC 两部分为等长均质杆，则梯子与水平面所成最小角度 $\varphi_{\min}$ 为________。

A. 0　　B. $\mathrm{arccot}\dfrac{1}{2f_s}$　　C. $\arctan\dfrac{1}{4f_s-1}$　　D. $\arctan\dfrac{1}{2f_s}$

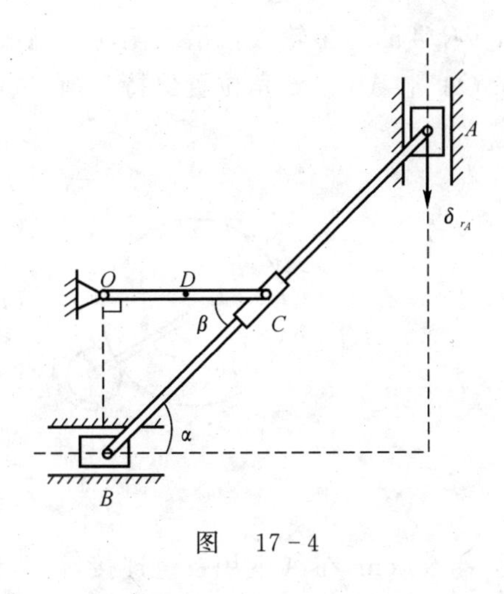

图　17-4

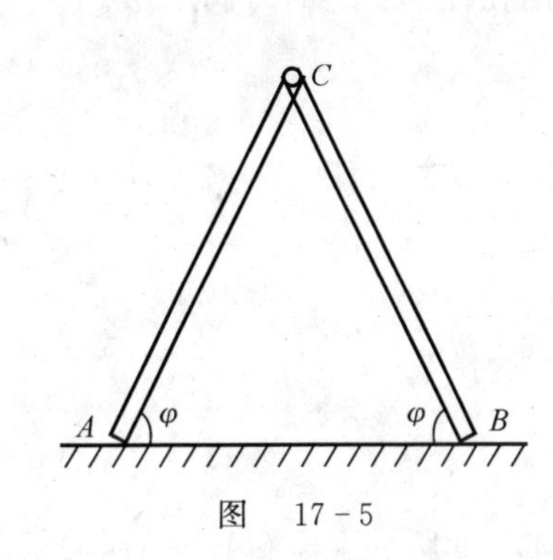

图　17-5

四、计算题

1. 边长为 l 的铰接菱形机构 $ADBC$ 如图 17-6 所示。A,B 间连一刚度系数为 k 的弹簧,在铰链 C,D 上各有重为 P 的小球。已知当 $\varphi=45°$ 时,弹簧不受力,且弹簧能承受压力。不计各杆自重,$P<2lk(1-\sqrt{2}/2)$。求机构的平衡位置。

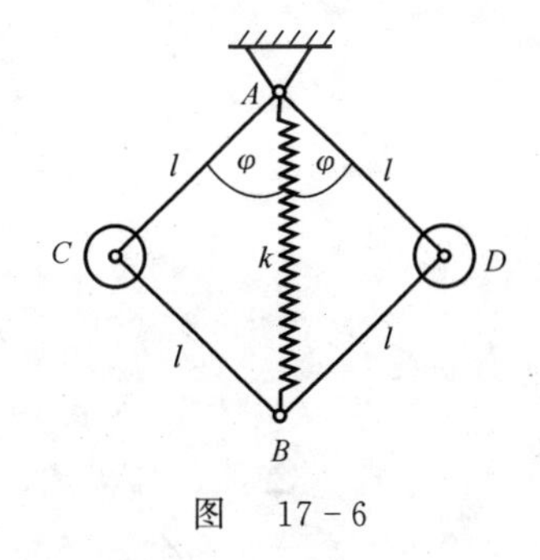

图　17-6

2. 如图 17-7 所示,半径为 R 的滚子放在粗糙水平面上,连杆 AB 的两端分别与轮缘上的 A 点和滑块 B 铰接。现在滚子上施加力偶矩为 M 的力偶,在滑块上施加水平力 $\boldsymbol{F}$,使系统于图示位置处于平衡。设力 $\boldsymbol{F}$ 的已知,$\varphi=45°$,忽略滚动摩阻和各构件的重量,不计滑块和各铰链处的摩擦,试用虚位移原理求力偶矩 M 以及滚子与地面间的摩擦力 F_s。

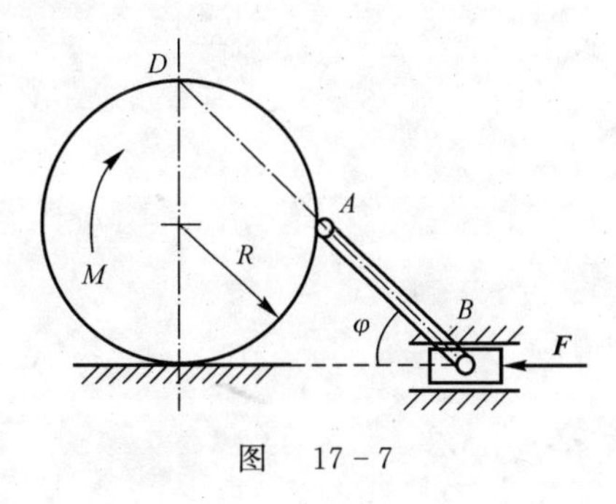

图　17-7

3. 在图17-8所示机构中，已知力$\boldsymbol{P}$，半径$r_A=R/4$的行星轮A可沿太阳轮做纯滚动，太阳轮的半径为R，力偶矩$M_A=M/10$。为使机构在$OA\perp AB$及θ角位置保持平衡，试用虚位移原理求作用在杆OA上的力偶矩M。

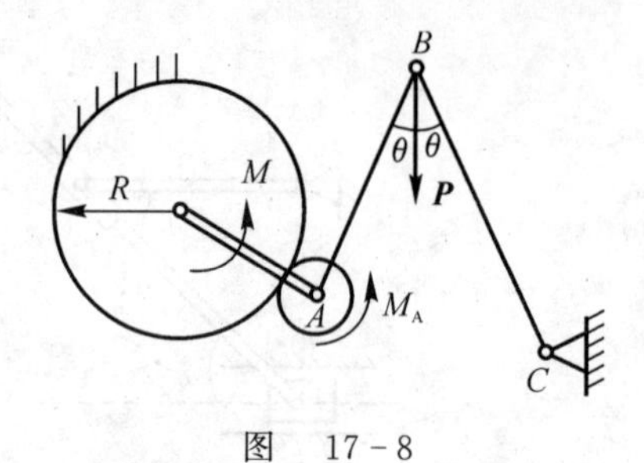

图 17-8

4. 图17-9所示刚杆OA和AB的长度都是$l=90$ cm，在A端用铰链连接，B端铰接一小轮，O，B两点位于同一水平线上。在杆的C和D两点间连接一根刚度系数$k=30$ N/cm的水平弹簧，弹簧的原长$l_0=50$ cm，而$\overline{OC}=\overline{BD}=l/3$。在$A$处作用有一与水平线成$\alpha=30°$的力$\boldsymbol{F}_1$，$F_1=30$ N，在B处作用有一水平力$\boldsymbol{F}_2$，系统在铅垂面内图示位置平衡，此时弹簧被拉伸，且$\varphi=60°$。如果不计各构件重量和摩擦，试求当系统平衡时力$\boldsymbol{F}_2$的大小。

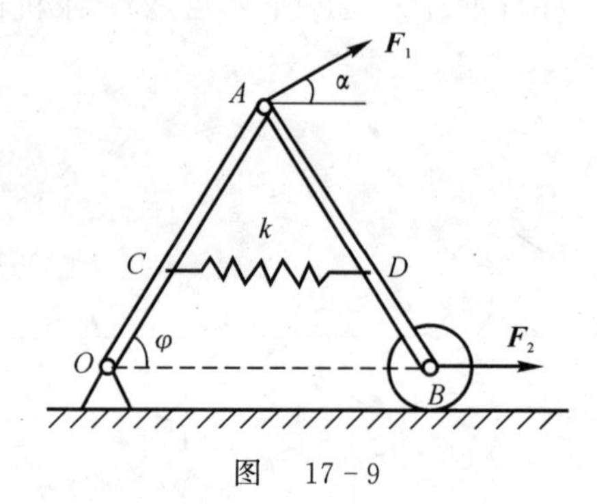

图 17-9

第十八章　动力学普遍方程和拉格朗日方程

内容导学

主要知识点：

基本原理：动力学普遍方程，拉格朗日方程。

学习重点、难点和考点：

(1)动力学普遍方程及其应用。达朗贝尔原理使动力学问题在形式上化为静力学平衡问题；虚位移原理是质点系平衡的充分与必要条件。将二者结合，便得到了解决质点系动力学问题的普遍方程，它是求解非自由质点系动力学的基础。因此，正确地虚加惯性力和建立虚位移之间的关系，是正确应用动力学普遍方程的关键。

(2)拉格朗日方程及其应用。将动力学普遍方程，应用于受完整约束的质点系，并用广义坐标表示，就得到了拉格朗日方程。拉格朗日方程为建立质点系运动微分方程提供了一个十分简便有效的方法，在解决质点系振动和动力学问题中有着广泛的应用。

同步练习

一、填空题

1. 图 18－1 所示系统有________个自由度。其中一组能描述该系统位置的广义坐标可取为________，试在图中画出相应的广义坐标。

2. 在图18－2所示系统中，已知摆锤B的质量为m，摆长为b，其他物体的质量忽略不计，弹簧的刚度系数为k，则该系统对应于广义坐标 y(y 从点A 的静平衡位置算起) 和θ的广义力分别为 $Q_y=$________；$Q_\theta=$________.

3. 若系统的拉格朗日函数中不显含某几个广义坐标。则这些广义坐标称为________。

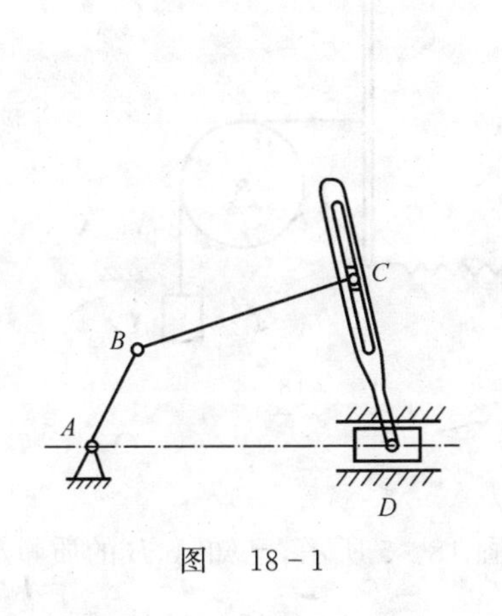

图　18－1

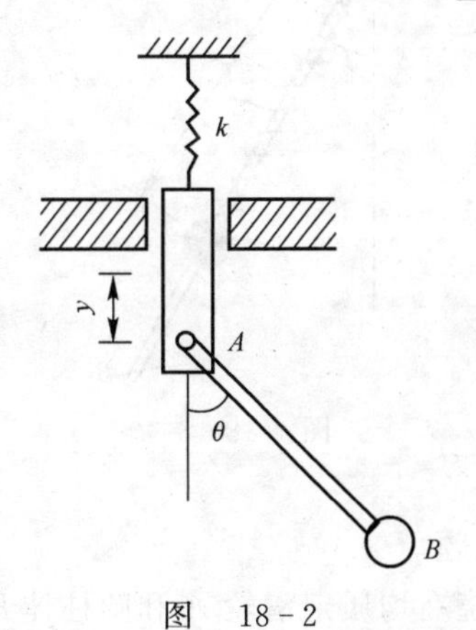

图　18－2

二、判断题

1. 理论力学中,任何其他的动力学方程都可由动力学普遍方程推导出来。 ( )

2. 具有完整、理想约束的保守系统,其运动规律不完全取决于拉格朗日方程。 ( )

3. 广义坐标不能在动参考系中选取。 ( )

4. 任意质点系各广义坐标的变分都是彼此独立的。 ( )

5. 循环积分往往具有明显的物理意义,它们可以被认为是系统的动量守恒或动量矩守恒的某种广义形式。 ( )

三、选择题

1. 如果系统的拉格朗日方程数目恰好等于系统的自由度数目,则该系统应该是( )。

A. 保守系统　　B. 完整系统　　C. 非完整系统　　D. 任意系统

2. 如图 18-3 所示,均质细杆 AB 长为 L,重为 P,可在铅垂面内绕 A 轴转动。小球 M 重为 W,可在 AB 杆上滑动,弹簧原长为 L_0,刚度系数为 k。不计弹簧重量和各处摩擦。现取 φ, x 为广义坐标,则对应于广义坐标 x 的广义力 $Q_x=$( )。

A. $W\cos\varphi+(L_0+x)$　　B. $W\cos\varphi-k(L_0+x)$　　C. $W\cos\varphi-kx$　　D. $W\cos\varphi+kx$

3. 图 18-4 所示为长 $l=0.6$ m,质量 $m_1=3$ kg 的均质杆 AB,A 端用铰链固定,B 端系一水平弹簧,其刚度系数 $k=32$ N/cm,在 AB 杆中点系一不可伸长的细绳,此绳绕过质量 $m_2=2$ kg,半径为 r 的均质圆轮。绳的另一端悬挂一质量 $m_3=1$ kg 的重物。取平衡时重物位置为坐标原点,广义坐标为 y,则系统的运动微分方程为( )。

A. $\left(m_3+\dfrac{1}{2}m_2+\dfrac{4}{3}m_1\right)\ddot{y}+\left(m_1 g\dfrac{2}{l}+4k\right)y=0$

B. $\left(m_3+\dfrac{1}{2}m_2+\dfrac{4}{3}m_1\right)\ddot{y}+\left(m_1 g\dfrac{2}{l}+4k\right)y=m_3 y$

C. $\left(m_3+\dfrac{1}{2}m_2+\dfrac{4}{3}m_1\right)\ddot{y}-4ky=0$

D. $\left(m_3+\dfrac{1}{2}m_2+\dfrac{4}{3}m_1\right)\ddot{y}-2ky=\dfrac{1}{2}m_3 g$

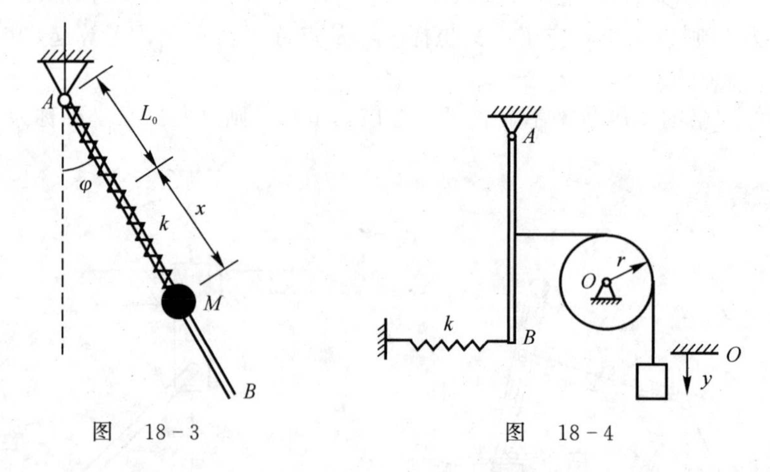

图　18-3　　　　图　18-4

四、计算题

1. 软绳绕在均质定滑轮 A 和圆柱体 B 上,如图 18-5 所示,已知 A,B 的质量分别为 m_1 和

m_2，半径分别为 R_1 和 R_2，圆柱体的质心沿铅垂线下落。求定滑轮 A 和圆柱体 B 的角加速度。

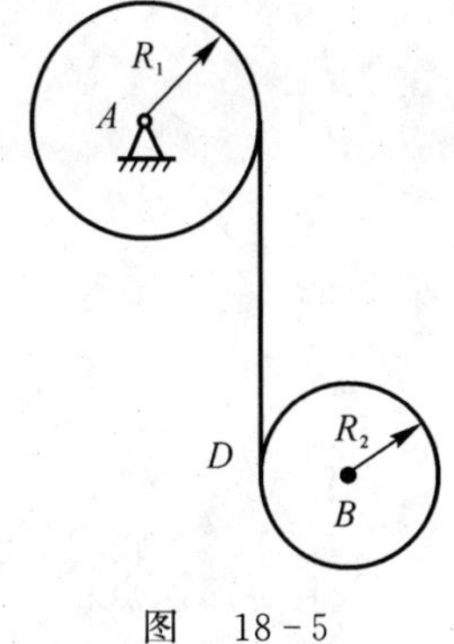

图　18－5

2. 在图 18－6 所示系统中，已知均质圆柱 A 的质量为 M，半径为 r，板 B 的质量为 m，$\boldsymbol{F}$ 为常力，圆柱 A 可沿板面做纯滚动，板 B 沿光滑水平面运动。试用动力学普遍方程求：(1) 系统的运动微分方程(以 x 和 φ 为广义坐标)；(2) 圆柱 A 的角加速度和板 B 的加速度。

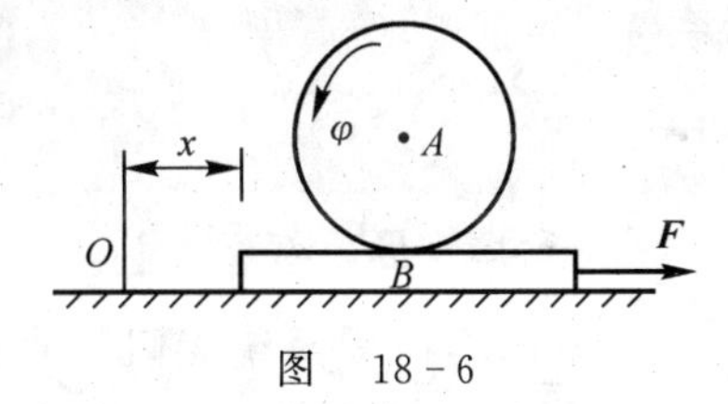

图　18－6

3. 在图 18－7 所示系统中，已知均质薄壁圆筒 A 的质量为 m_1，半径为 r，均质圆柱 B 的质量为 m_2，半径也为 r。圆柱 B 沿水平面做纯滚动，滑轮的质量忽略不计。(1) 试以 θ_1 和 θ_2 为广义坐标，用拉氏方程建立系统的运动微分方程；(2) 求薄壁圆筒 A 和圆柱 B 的角加速度 α_1 和 α_2。

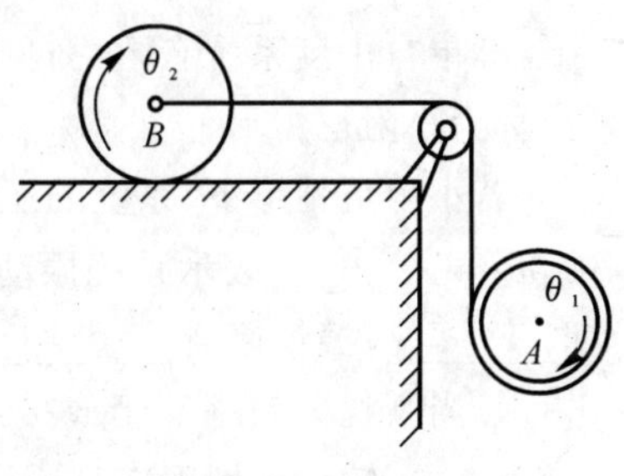

图　18－7

第十九章 振 动

内容导学

主要知识点：

基本概念：固有频率，受迫振动，共振。

学习重点、难点和考点：

(1)单自由度自由振动，自由振动固有频率及其计算。

(2)掌握单自由度受迫振动，共振概念。

同步练习

一、填空题

1.单自由度系统无阻尼自由振动微分方程的标准形式为 $\ddot{x}+\omega_n^2 x=0$，其中，ω_n 称为________，它是系统在________秒内振动的次数，仅与______________有关。

系统的运动方程为 $x=A\sin(\omega_n t+\alpha)$，设系统运动的初始条件为：当 $t=0$ 时，$x=x_0$，$\dot{x}=\dot{x}_0$，则 $A=$________，$a=$________。

2.单自由度振动系统中有两个刚度系数分别为 k_1 和 k_2 的弹簧，两弹簧并联时的特征是________相等，其等效弹簧刚度系数 $k=$________；两弹簧串联时的特征是________相等，其等效弹簧刚度系数 $k=$________。

3.单自由度系统有阻尼自由振动微分方程的标准形式为 $\ddot{x}+2\zeta\omega_n\dot{x}+\omega_n^2 x=0$，当________时，称为小阻尼情形。

若小阻尼情形下，系统的运动称为衰减振动，其运动方程为 $x=$________ $\sin(\omega_d t+\alpha)$，其中，$\omega_d=$________表示系统振动的圆频率。与不考虑阻尼相比，系统振动的频率________，周期________，振幅逐渐________。ζ 越大，影响越________。

4.当激扰力频率等于或接近于系统的固有频率时，系统的振幅________，这种现象称为________。转动机械工作时要规定转子的工作转速等，就是为了防止________。

二、判断题

1.机械振动产生的原因是系统受到恢复力(矩)和初始扰动的作用结果。 (　　)

2.单自由度系统有阻尼强迫振动的振幅和位相差都仅与激扰力的特性有关，而与系统本身的结构参数无关。 (　　)

3.增大阻尼可以抑制单自由度系统强迫振动的振幅，在共振区更为明显。 (　　)

三、计算题

1. 弹簧的刚度系数为 k，下端吊着质量分别为 m 和 m_1 的两个物体 M 和 M_1，如图 19－1 所示。当系统静止时，突然剪掉物体 M_1，求此后物体 M 的运动规律。

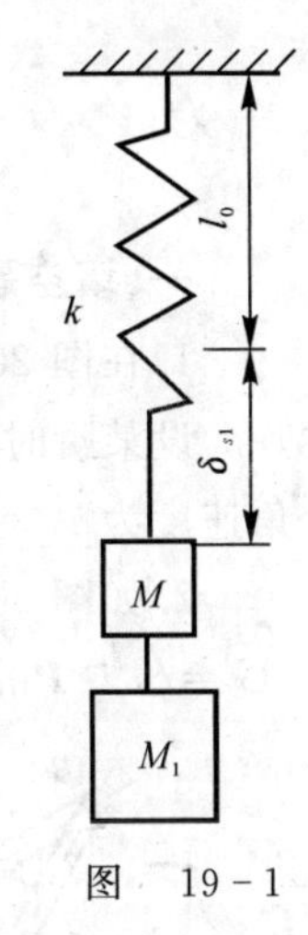

图　19－1

2. 弹簧不受力时原长为 $l_0 = 65$ cm，下端挂一质量为 1 kg 的物体后，弹簧长度增长到 85 cm。设用手把物体托住，使弹簧回到原来长度 l_0 时突然释放，物体初速为零。试求物体的运动方程、振幅、周期及弹簧力的最大值。

3. 如图 19－2 所示，当系统平衡时，杆 OA 恰好处于水平位置。忽略杆重，试写出系统微幅振动的微分方程，并求衰减振动的频率和临界阻尼系数。

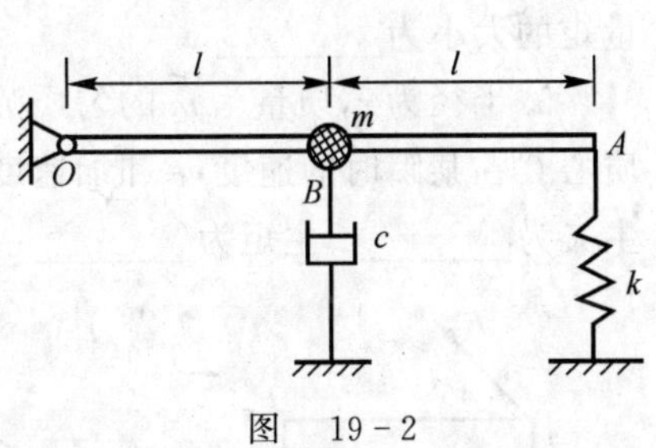

图　19－2

理论力学中少学时模拟试题

一、填空题(每题 6 分,共 30 分)

1. 在图 20-1 所示四连杆机构中,长为 r 的曲柄 OA 以等角速度 ω_0 转动,连杆 AB 长 $l=4r$。设某瞬时 $\angle O_1OA=\angle O_1BA=30^\circ$,$OA$ 与 AB 成一直线,如图所示。则该瞬时曲柄 O_1B 的角速度为________,角加速度为________。

2. 如图 20-2 所示,z 轴过长方体对角线 BH,长方体长、宽、高分别为 $AB=a$,$BC=b$,$CG=c$,力 $\boldsymbol{P}$ 沿 DA 方向,则力 $\boldsymbol{P}$ 对 z 轴的矩为________。

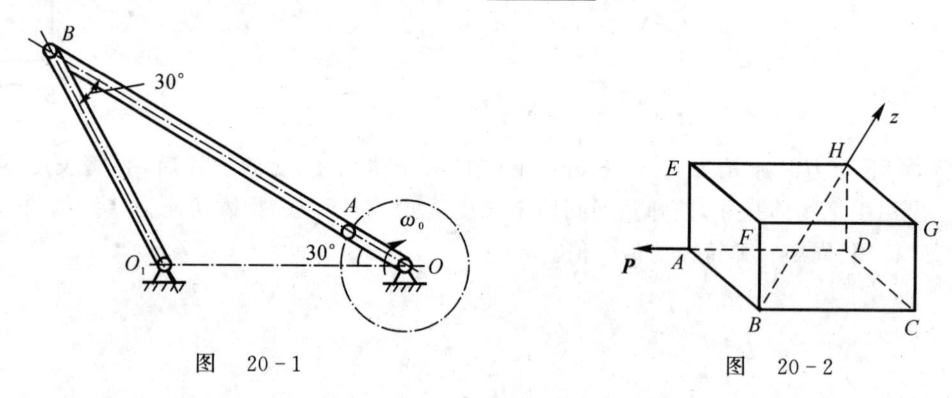

图 20-1　　图 20-2

3. 图 20-3 所示置于铅垂面内的均质正方形薄板重 $P=100$ kN,与地面间的摩擦因数 $f=0.5$,欲使薄板静止不动,则作用在点 A 的力 $\boldsymbol{F}$ 的最大值应为________。

4. 均质细圆环的半径为 r,质量为 m_1,与一根质量为 m_2 的均质细直杆 OA 刚性连接,可在水平面内以匀角速度 ω 绕过点 O 的轴做定轴转动,$OA=2r$(见图 20-4)。则系统对转轴的动量矩的大小为________。

5. 半径为 r,质量为 m 的匀质圆盘,沿水平直线轨道做纯滚动,如图 20-5 所示。已知圆盘质心 C 在某瞬时的速度 $\boldsymbol{v}_C$ 和加速度 $\boldsymbol{a}_C$,则该瞬时惯性力系向圆盘上与轨道的接触点 O 简化的主矢为________,主矩为________。

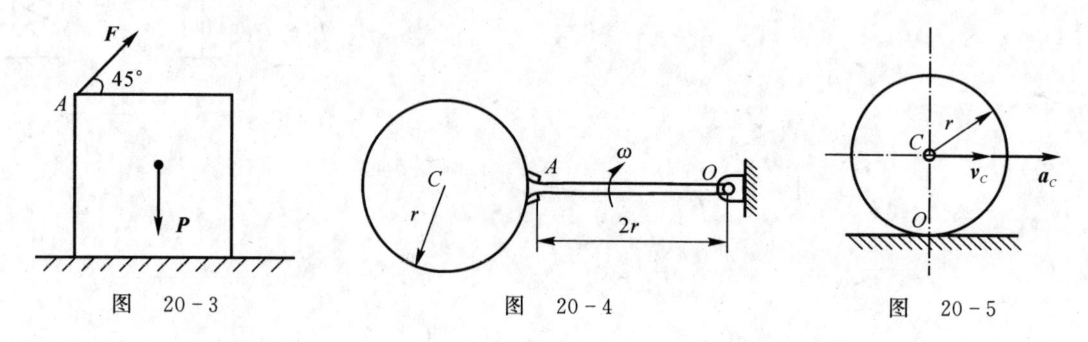

图 20-3　　图 20-4　　图 20-5

二、计算题(21 分)

如图 20-6 所示平面机构,各杆件自重不计。已知 $q=4\ \mathrm{kN/m}$,$M=10\ \mathrm{kN\cdot m}$,$P=20\ \mathrm{kN}$。试求固定端 A 和固定铰链支座 D 的约束反力。

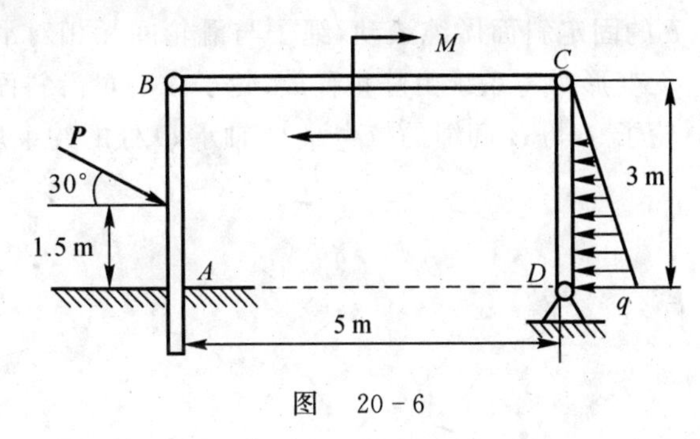

图 20-6

三、计算题(24 分)

如图 20-7 所示平面机构,圆轮 A 沿水平面做纯滚动,滑块 B 上铰链连接两直杆 AB 和 BD,BD 穿过做定轴转动的套筒 C,$R=15\ \mathrm{cm}$,$v_A=45\ \mathrm{cm/s}$,$a_A=0$,图示瞬时,$\theta=45°$,$\varphi=30°$,$l=30\ \mathrm{cm}$。求图示瞬时:(1)AB,BD 杆的角速度 $\boldsymbol{\omega}_{AB}$,$\boldsymbol{\omega}_{BD}$;(2) 点 B 的加速度 $\boldsymbol{a}_B$;(3)BD 杆的角加速度 $\boldsymbol{\alpha}_{BD}$。

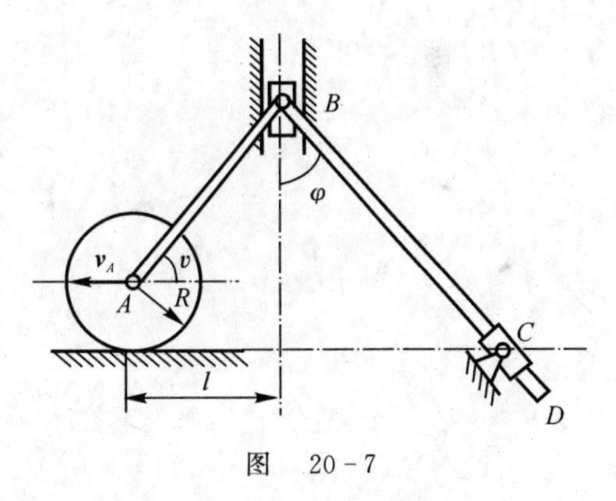

图 20-7

四、计算题(25 分)

如图 20-8 所示,不可伸长的细绳绕过半径为 R 的定滑轮 A,两端分别系与半径为 r 的轮子和刚度系数为 k 的弹簧。轮子 A,B 可看作质量分别为 m_1,m_2 的均质圆盘,轮子 B 沿倾角为 θ 的固定斜面做纯滚动,绳子与滑轮间无相对滑动,AC 段绳子与固定斜面平行。假设在弹簧无变形时将系统由静止释放,轮子中心 C 沿斜面下移距离 s 时,试求:(1) 轮心 C 的加速度;(2) 轮子 A 与 B 间绳的拉力;(3) 轴承 O 处的约束反力(绳子的重量、轴承 O 的摩擦不计)。

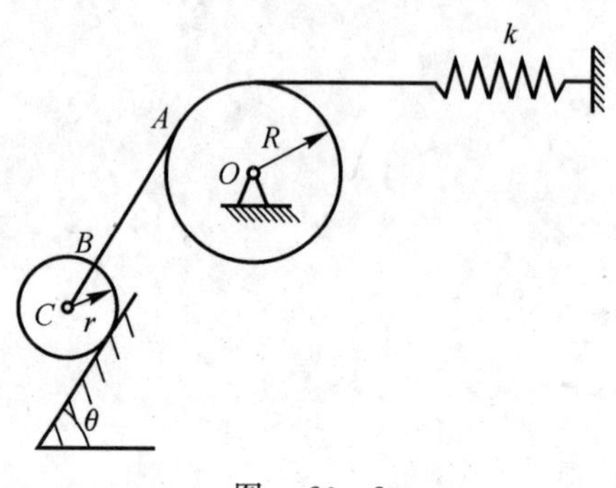

图 20-8

理论力学多学时模拟试题(上)

一、填空题(每题 6 分,共 30 分)

1. 图 21-1 所示的水平横梁 AB,A 端为固定铰链支座,B 端为一滚动支座。梁的长度为 $4a$,梁重 $\boldsymbol{P}$,作用在梁的中点 C。在梁的 AC 段上受均布载荷 q 作用,在梁的 BC 段上受力偶 $M=Pa$ 作用。则 A 处的约束力 $N_{Ax}=$________,$N_{Ay}=$________。

2. 如图 21-2 所示,长方体的边长各为 a,b,c,作用有力 $\boldsymbol{P}$,其中力 $\boldsymbol{P}$ 沿对角线 AB,则力 $\boldsymbol{P}$ 对 x 轴的力矩(大小)$m_x(\boldsymbol{P})=$________;力 $\boldsymbol{P}$ 对 O 点的力矩 $m_O(\boldsymbol{P})=$________;力 $\boldsymbol{P}$ 在 x 轴上的分量 $P_x=$________。

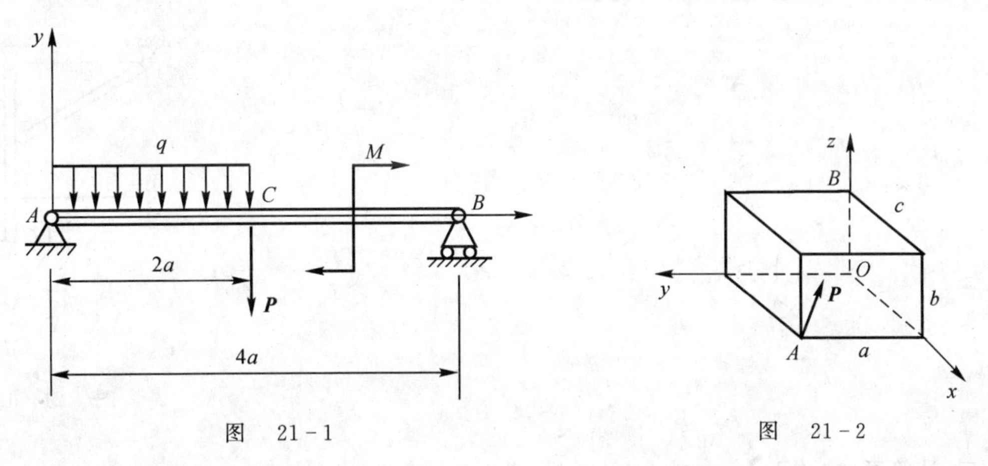

图 21-1　　　　图 21-2

3. 如图 21-3 所示,置于 V 形槽中的棒料上作用一力偶,力偶矩 $M=30\ \mathrm{N\cdot m}$ 时,刚好能转动此棒料。已知棒料重 $P=400\ \mathrm{N}$,直径 $D=0.25\ \mathrm{m}$,不计滚动摩阻。求棒料与 V 形槽间的静摩擦因数 $f_s=$________。

4. 图 21-4 所示曲柄滑块机构中,曲柄长 $OA=r$,并以等角速度 ω 绕 O 轴转动。装在水平杆上的滑槽 DE 与水平线成 60°。求当水平线的交角 φ 为 30° 时,杆 BC 的速度为________。

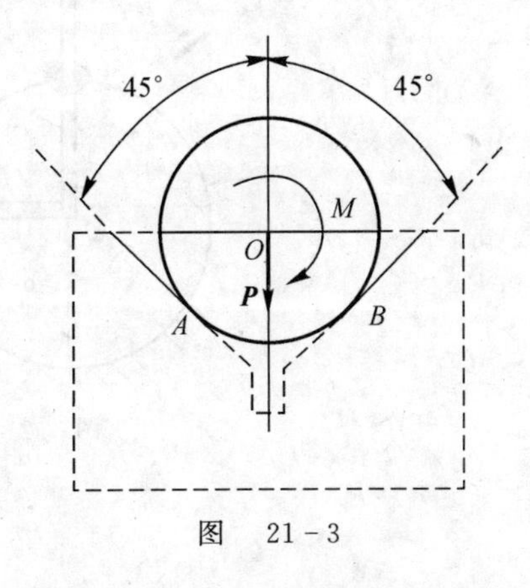

图 21-3

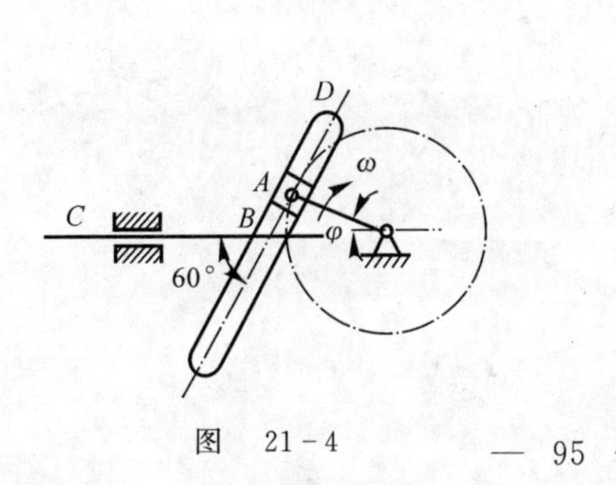

图 21-4

5.列车沿半径为 $R=800$ m 的圆弧轨道做匀速运动(见图 21-5)。若初速度为零,经过 2 min 后,速度到达 108 km/h。列车起点的加速度大小为________,末点的加速度大小为________。

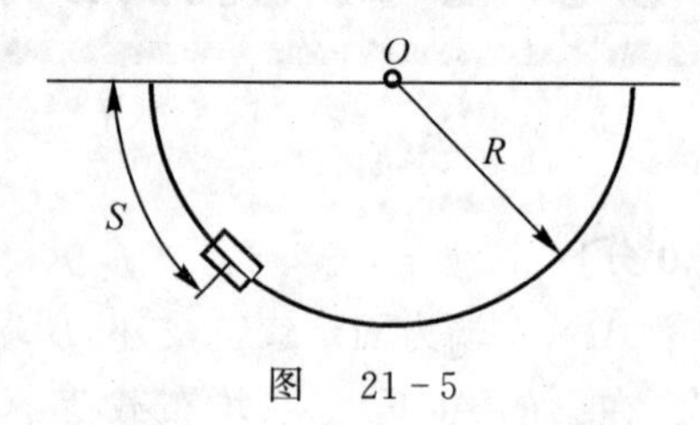

图 21-5

二、计算题(20 分)

均质杆 AD 重 $\boldsymbol{P}$,与长为 $2l$ 的铅直杆 BE 的中心 D 铰接,$\alpha=30°$,如图 21-6 所示。柔绳的下端吊有重为 G 的物体 M。假设杆 BE、滑轮和柔绳的重量都忽略不计,连线 AB 以及柔绳的 CH 段都处于水平位置;求固定铰链支座 A 的约束力。

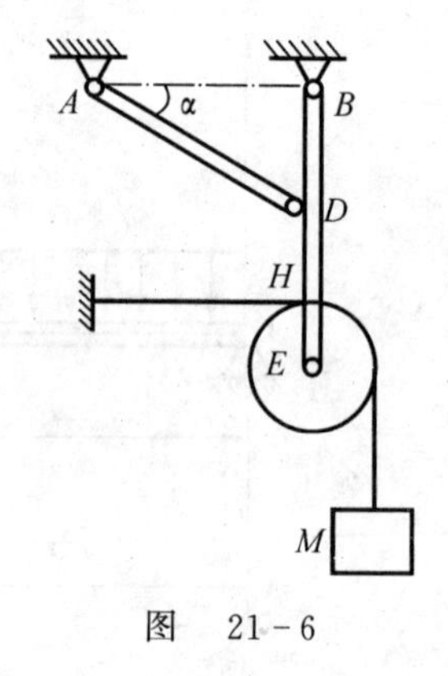

图 21-6

三、计算题(25 分)

在图 21-7 所示平面机构,直角弯杆 ABC 绕轴 A 转动,使套在其上的小环 M 沿半径为 R 的固定大圆环运动。已知 $AB=R=40\sqrt{2}$ cm,当弯杆的 AB 段转至左侧水平位置时,其角速度 $\omega=2$ rad/s,角加速度 $\varepsilon=2$ rad/s^2,转向如图所示。试求该瞬时小环 M 的绝对速度和绝对加速度的大小。

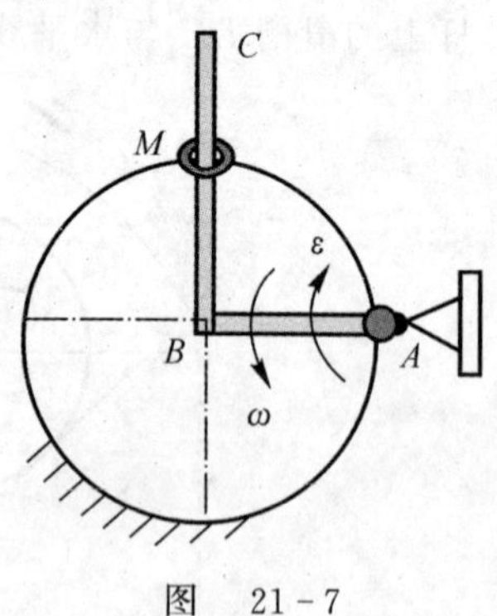

图 21-7

四、计算题(25 分)

如图 21-8 所示的平面机构,杆 AB 以不变的速度 $\boldsymbol{v}$ 沿水平方向运动,套筒 B 与杆 AB 的端点铰接,并套在绕 O 轴转动的杆 OC 上,可沿该杆滑动。已知 AB 和 OE 两平行线间的垂直距离为 b。求在图示位置($\gamma=60°$,$\beta=30°$,$OD=BD$)时,杆 OC 的角速度和角加速度、滑块 E 的速度和加速度。

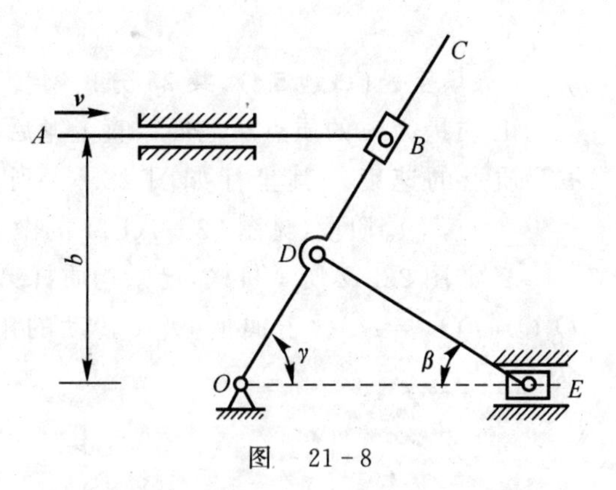

图 21-8

理论力学多学时模拟试题(下)

一、填空题(每题5分,共20分)

1. 质量为m的质点从地面铅直上抛后又下降,它所受的阻力为$F_R=-kv$,其中k为常数,v为质点的速度。其坐标如图22-1所示,则上升阶段(见图22-1(a))的微分方程为________,下降阶段(见图22-1(b))的微分方程为________.

2. 如图22-2所示机构,已知均质杆AB的质量为m,且$O_1A=O_2B=r$,$O_1O_2=AB=l$,$O_1O=OO_2=l/2$。若曲柄O_1A转动的角速度为ω,则杆AB对O轴的动量矩L_O的大小为________。

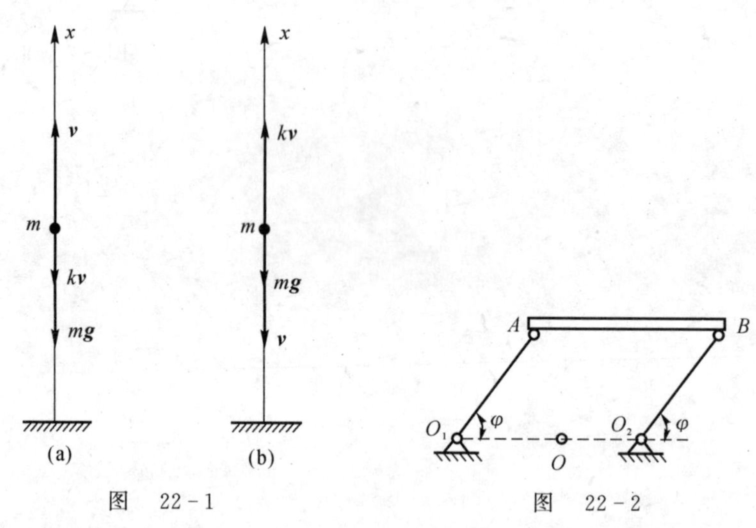

图 22-1　　　　图 22-2

3. 如图22-3所示,质量为m,长为l的均质杆AB,其A端与滑块A铰接,若已知滑块A的速度为v_A,杆的角速度为ω,不计滑块A的质量,则杆的动能为________。

4. 如图22-4所示,质量为m,长为$2l$的均质杆OA,绕定轴O转动的角速度为ω,角加速度为α。将惯性力系向转轴O简化的主矢大小为________,主矩大小为________,并画在图上。

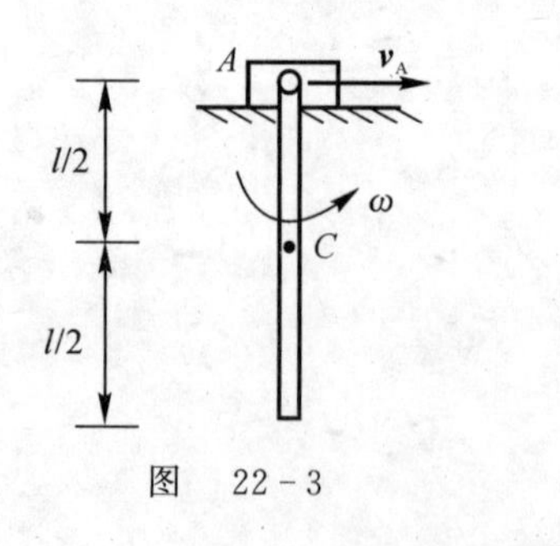

图 22-3

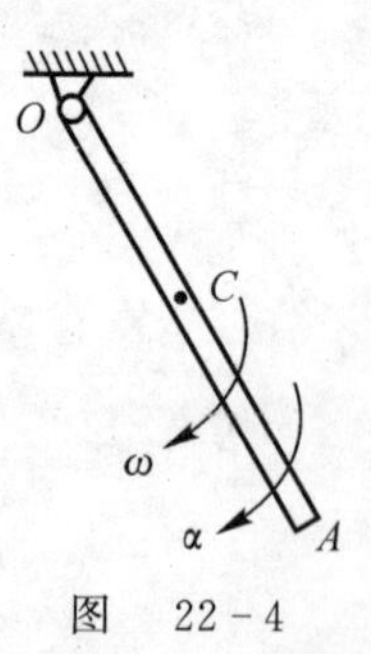

图 22-4

二、计算题(20 分)

轮轴 O 具有半径 R 和 r，在轮轴上系有两个物体，各重 $\boldsymbol{P}_1$ 和 $\boldsymbol{P}_2$，如图 22－5 所示。在轮轴上作用一大小不变的外力矩 M，使轮轴沿顺时针方向转动，轮轴对 O 轴的转动惯量为 J，重量为 $\boldsymbol{P}_3$，不计绳的质量，求轮轴的角加速度和轴 O 的反力。

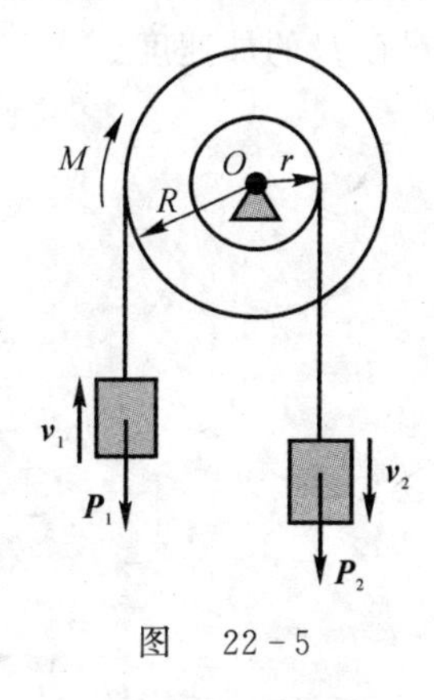

图 22－5

三、计算题(20 分)

如图 22-6 所示，不计质量的圆轮半径为 R=450 mm，可绕其中心水平轴 O 转动。在轮缘上沿切线方向焊接一均质杆，其质量为 m=14 kg，长为 $2L$=900 mm。在 AB 处于水平位置时无初速释放。求该瞬时 A 处的约束反力。

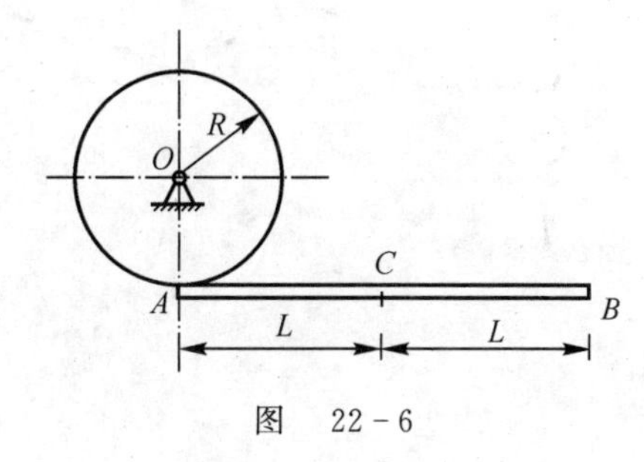

图 22－6

四、计算题(20 分)

如图 22－7 所示，$OA=O_1B=BC=r=4$ m，$AB=OO_1=l=5$ m，铰 O_1 与滑块 C 之间连以弹簧，其刚度系数为 $k=5$ kN/m，原长为 $l_0=2\sqrt{3}$ m，夹角 $\varphi=30°$。不计杆重及各处摩擦，试用虚位移原理求当系统平衡时 $\boldsymbol{F}$ 力的大小。

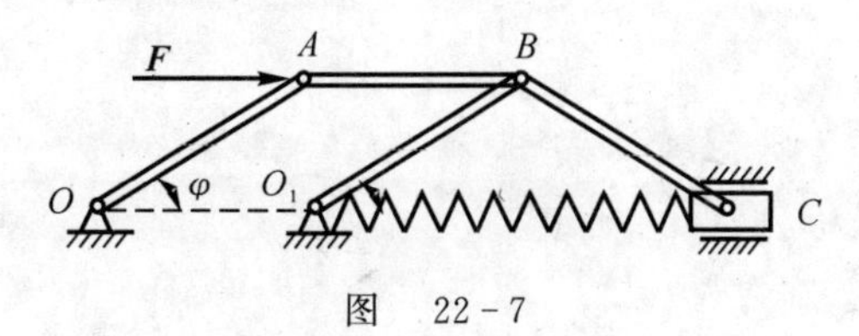

图 22－7

五、计算题(20 分)

如图22-8所示,一不可伸长的绳子跨过小滑轮D,绳的一端系于均质圆轮A的轮心C处,另一端绕在均质圆柱体B上。轮A重$\boldsymbol{P}$,半径是R,圆柱B重$\boldsymbol{Q}$,半径是r。轮A沿倾角为α的斜面做纯滚动,绳子倾斜段与斜面平行。滑轮D和绳子的质量不计,试求轮心C和圆柱B的中心E的加速度。

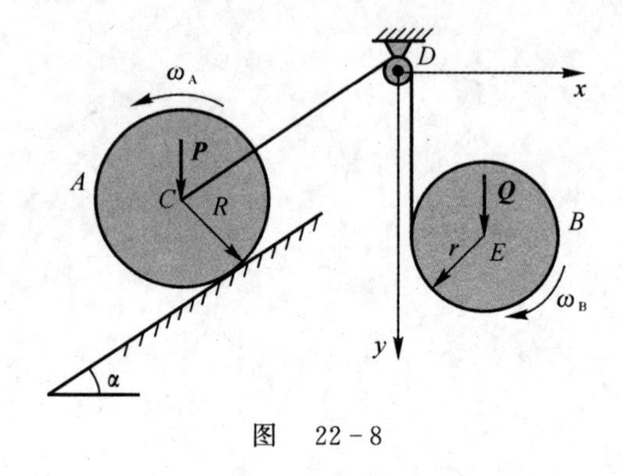

图 22-8

习题及模拟题答案

第一章答案

略

第二章答案

一、填空题

1.1； 2.它们的公共作用点，闭合； 3.两，两； 4.标，矢； 5.这三个力首尾相连构成一个三角形； 6.不能，力偶矩； 7.3 cm

二、判断题

1.×； 2.×； 3.√； 4.√； 5.√； 6.√； 7×； 8×

三、选择题

1.A，B； 2.D，E； 3.A

四、计算题

1.答：合力 $R=166$ N；$\angle(\boldsymbol{F},\boldsymbol{i})=55°40'$，$\angle(\boldsymbol{F},\boldsymbol{j})=34°20'$。

2.答：$290.36\ \mathrm{N}<P<667.5\ \mathrm{N}$

3.答：$F_{AB}=\frac{1}{2}G$（拉）；$F_{BC}=-\frac{\sqrt{3}}{2}G$

4.答：$F_{AB}=F_{AC}=1.14$ kN；$F_E=1.13$ N

5.答：$F_B=F_C=\frac{a}{l}Q$

6.答：(1)$F_A=F_B=\frac{L}{2a}$；(2)$F_A=F_B=\frac{L}{a}$

第三章答案

一、填空题

1.1，2

2.二矩心连线不能与投影轴相垂直

3.4；(1) 主矢等于零($R'=0$)，主矩等于零($M_O=0$)，平衡情况；(2) 主矢等于零($R'=0$)，主矩不等于零($M_O\neq 0$)，力系简化为合力偶情况；(3) 主矢不等于零($R'\neq 0$)，主矩等于零($M_O=0$)，力系简为化合力情况；(4) 主矢不等于零($R'\neq 0$)，主矩不等于零($M_O\neq 0$)，力系可以再简化为合力情况。

4.力偶矩相等

5.该力偶的力偶矩

6.力 F 对该点的矩

7. 所有力对点 O 的矩的代数和

二、判断题

1. √； 2. √； 3. ×； 4. ×； 5. ×； 6. √； 7. ×； 8. √； 9. ×

三、选择题

1. A； 2. B； 3. C

四、计算题

1. (a)240 N·m;(b) −120 N·m;(c) −11.3 N·m;(d)50.7 N·m;(e)189.3 N·m

2. $R'=7\sqrt{2}$ kN; $\angle(\boldsymbol{R}',\boldsymbol{i})=45°$; $\angle(\boldsymbol{R}',\boldsymbol{j})=45°$; $d=\sqrt{2}$ m

3. 答: $F_{Ax}=10$ kN, $F_{Ay}=19.2$ kN; $F_B=18.1$ kN

4. 答: $F_{Ax}=8.7$ kN, $F_{Ay}=25$ kN; $F_B=17.3$ kN

5. 答: $F_A=2qa$, $M_A=qa^2$

6. 答: $F_A=250$ N, $F_B=1\ 500$ N; $F_E=250$ N

7. 答: $F_{Ax}=-230$ kN, $F_{Ay}=-100$ kN, $F_{Bx}=230$ kN; $F_{By}=200$ kN

8. 答 $F_{Ax}=-2\ 075$ N, $F_{Ay}=-1\ 000$ N, $F_{Ex}=-2\ 075$ N; $F_{Ey}=2\ 000$ N

9. 答 $F_{Ax}=12$ kN, $F_{Ay}=1.5$ kN, $F_B=10.5$ kN; $F_{BC}=15$ kN(压)

10. 答 $F_A=-15$ kN, $F_B=40$ kN, $F_C=5$ kN; $F_D=15$ kN

11. 答 $F_{Bx}=122.5$ N, $F_{By}=-147$ N, $F_C=122.5$ N

12. 答 $F_{Ax}=-P$, $F_{Ay}=-P$; $F_{Bx}=-P$, $F_{By}=0$; $F_{Cx}=P$, $F_{Cy}=P$; $F_{Dx}=2P$, $F_{Dy}=P$

13. 答: $F_{Ax}=2\ 250$ N(←), $F_{Ay}=3\ 000$ N(↓),
$F_{Dx}=2\ 250$ N(→), $F_{Dy}=4\ 000$ N(↑)

14. 答: $F_{Ax}=ql$(←), $F_{Ay}=F+ql$, $M_A=(F+ql)l$, $F_{Dx}=\frac{1}{2}ql$, $F_{Dy}=ql$

15. 答: $F_1=-5.333F$(压); $F_2=2F$(拉); $F_3=-1.667F$(压)

16. 答: $F_4=21.83$ kN(拉); $F_5=16.73$ kN(拉); $F_7=-20$ kN(压); $F_{10}=-43.66$ kN(压)

17. 答: $F_1=F_2=0$, $F_4=-\frac{2\sqrt{2}}{3}P$, $F_7=\frac{1}{3}P$, $F_9=-\frac{1}{3}P$, $F_{10}=\frac{\sqrt{2}}{3}P$

第四章答案

一、填空题

1. 相对滑动;滑动趋势;相对滑动或滑动趋势的方向

2. 最大静滑动摩擦力

3. 主动力系;自锁

4. $\tan\varphi_m=f$

5. 200

6. 30°; $\frac{\sqrt{3}}{3}$

二、判断题

1. ×； 2. ×； 3. ×； 4. √

三、选择题

1. A； 2. A； 3. A； 4. C； 5. B； 6. C； 7. C； 8. B； 9. A； 10. C

四、计算题

1. 答：$\tan\alpha \geqslant \dfrac{G+2Q}{2f(G+Q)}$

2. 答：$P=57$ N

3. 答：$Q_{max}=406$ N

4. 答：$F_{max}=597$ N

5. 答：$P=40.6$ N

6. 答：(1)$F_{NB}=200$ N，$F_B=20$ N，$F_{Bmax}=20$ N；

(2)$F_{NB}=170$ N，$F_B=-10$ N，$F_{Bmax}=17$ N

第五章答案

一、填空题

1. 3,3,3

2. 矢，自由矢，标

3. 力偶矩矢，对指定点的矩矢

4. 力偶矩矢相等

5. 力系中各分力对同一点之矩的矢量和，力系中各力对同一轴之矩的代数和

6. 各力偶的力偶矩矢在三个坐标轴上的投影之和分别为零，即 $\sum M_{ix}=0$，$\sum M_{iy}=0$，$\sum M_{iz}=0$.

7. 力螺旋

8. $a=b-c$

9. $-\dfrac{Pc}{\sqrt{a^2+b^2+c^2}}, -\dfrac{Pa}{\sqrt{a^2+b^2+c^2}}, \dfrac{Pb}{\sqrt{a^2+b^2+c^2}}, -\dfrac{Pab}{\sqrt{a^2+b^2+c^2}}, \dfrac{Pbc}{\sqrt{a^2+b^2+c^2}}, 0$

10. 答案略

11. $F_x=F\sin\theta, m_x(F)=-aF\cos\theta$

$F_y=0, m_y(F)=bF\sin\theta-cF\cos\theta$

$F_z=-F\cos\theta, m_z(F)=-aF\sin\theta$

$\boldsymbol{m}_O(\boldsymbol{F})=m_x(F)\boldsymbol{i}+m_y(F)\boldsymbol{j}+m_x(F)\boldsymbol{k}=-(aF\cos\theta)\boldsymbol{i}+(bF\sin\theta-cF\cos\theta)\boldsymbol{j}-(aF\sin\theta)\boldsymbol{k}$

或
$$\boldsymbol{m}_O(\boldsymbol{F})=\begin{vmatrix} \boldsymbol{i} & \boldsymbol{j} & \boldsymbol{k} \\ -c & a & b \\ F\sin\theta & 0 & -F\cos\theta \end{vmatrix}$$

二、判断题

1. ×； 2. √； 3. ×； 4. ×； 5. √

三、选择题

1. C； 2. D； 3. A； 4. C； 5. C； 6. B； 7. D； 8. A

四、计算题

1. 答：$F_{x1}=80$ N，$F_{y1}=0$，$F_{z1}=-60$ N；$F_{x2}=-28.3$ N，$F_{y2}=35.3$ N，$F_{z2}=-21.2$ N

2. 答：(1)$F_z=400$ N，$F_{xy}=F\sin\alpha$，$F_x=489.9$ N，$F_y=-489.9$ N；

(2)$F_{CA}=692.8$ N，$F_{CD}=400$ N

3. 答：$F_{OA}=-1.414$ kN(压)，$F_{OB}=F_{OC}=0.707$ kN(拉)。

4. 答：$P_3=500$ N，$\alpha=143°$

5. 答：$m_x(F_1)=-3$ N·m，$m_y(F_1)=2.4$ N·m，$m_z(F_1)=-4$ N·m；

$m_x(F_2)=-1.06$ N·m，$m_y(F_2)=0$，$m_z(F_2)=1.41$ N·m

6. 答：$F'_R=\sqrt{3}F$，$M_O=aF\sqrt{3}/\sqrt{2}$ 最后简化结果为力螺旋

7. 答：$S_1=S_2=-2.5$ kN，$S_3=-3.54$ kN，$S_4=S_5=2.5$ kN，$S_6=-5$ kN

8. 答：$Q=1\,080$ N；$F_{Bx}=82.5$ N，$F_{By}=1\,280$ N；$F_{Ax}=93.6$ N，$F_{Ay}=233$ N，$F_{Az}=176$ N

9. 答：$F_T=\dfrac{W}{2\sin\alpha}$；$F_{Ax}=\dfrac{1}{2}W\cos\alpha$，$F_{Ay}=\dfrac{W\cos^2\alpha}{2\sin\alpha}$，$F_{Az}=\dfrac{W}{2}$

10. 答：$P=9.4$ kN；$F_{Ax}=7.26$ kN，$F_{Az}=16.93$ kN；$F_{Bx}=7.22$ kN，$F_{By}=-1.10$ kN，

$F_{Bz}=0.97$ kN

11. $x_c=1.16$ cm

12. 答：$x_c=5.1$ mm，$y_c=10.1$ mm

13. 答：$x_c=-\dfrac{r^3}{2(R^2-r^2)}$，$y_c=0$

第六章答案

1. $I_{z_2}=\dfrac{7}{48}Ml^2$

2. $I_z=2.18\times10^{-5}$ kg·m²

3. $I_z=\dfrac{1}{2}M(r_1^2+r_2^2)$

第七章答案

一、判断题

1. ×； 2. ×； 3. ×； 4. √； 5. √

二、选择题

1. A； 2. B； 3. B； 4. A； 5. C； 6. A； 7. B； 8. C； 9. C； 10. A，A

三、计算题

1. 答：(1)$x=30\cos\omega t$，$y=10\sin\omega t$，$\dfrac{x^2}{900}+\dfrac{y^2}{100}=1$；

(2) 当 $t=0$ 时，$v=31.4$ cm/s(↑)，$a=297$ cm/s²(←)；

当 $t=1/2$ 时，$v=94.2$ cm/s(←)，$a=99$ cm/s²(↓)

2. 答：对数螺线 $r=r_0e^{\varphi\arctan\alpha}$。当 $\alpha=\pi/2$ 时，圆周，$r=r_0$；当 $\alpha=0$ 或 π 时，直线。

3. 答：$\rho=7.81$ cm

4. 答：$s=2r\omega t$，$v=2r\omega$，$a=4r\omega^2$

第八章答案

一、填空题

(1) 平动;定轴转动

(2) 平动;平动

(3) 平动;定轴转动

(4) 定轴转动;定轴转动

二、判断题

1. ×; 2. ×; 3. √; 4. ×; 5. ×; 6. √; 7. √; 8. √; 9. ×; 10. ×

三、选择题

1. C; 2. B; 3. A,F; 4. B,A; 5. A

四、计算题

1. 答:$v=l\omega_0, a=l\sqrt{\alpha_0^2+\omega_0^4}$

2. 答:$v_0=0.78$ cm/s

3. 答:$a=4r\omega_0^2$

第九章答案

一、判断题

1. √; 2. ×; 3. ×; 4. ×; 5. ×; 6. ×; 7. √; 8. √; 9. √

二、选择题

1. C; 2. D; 3. B,E; 4. B,A; 5. B,E; 6. B,E

三、计算题

1. 答:(1)$v_{AB}=\frac{2\sqrt{3}}{3}e\omega$,(2)$v_{AB}=0$

2. 答:$\omega=2.67$ rad/s(逆时针)

3. 答:$v_A=\frac{lbu}{x^2+b^2}$

4. 答:(a)$\omega_2=3.15$ rad/s; (b)$\omega_2=1.68$ rad/s

5. 答:$a_A=74.6\text{ cm/s}^2, \theta=90.17°$(与水平轴 x 正向间夹角)

6. 答:$a_C=13.66\text{ cm/s}^2, a_r=3.66\text{ cm/s}^2$

7. 答:$v=10$ cm/s,$a=34.6$ cm/s

8. 答:$v=\frac{u}{\sin\varphi}, a=\frac{u^2}{r\sin^3\varphi}$(方向沿铅直线 AB,自 M 指向 B)

9. 答:$v=0.577\text{cm/s}, a=0.77\text{ cm/s}^2$

10. 答:$a_1=r\omega^2-\frac{u^2}{r}-2\omega u, a_3=3r\omega^2+\frac{u^2}{r}+2\omega u, a_2=a_4=\sqrt{(r\omega^2+\frac{u^2}{r}+2\omega u)^2+4r^2\omega^4}$

11. 答:$v_M=17.3\text{ cm/s}, a_M=35\text{ cm/s}^2$

12. 答:$v_M=4\sqrt{7}\text{ cm/s}, a_M=35.56\text{cm/s}^2$

13. 答:$v=17.32\text{ cm/s}, a=51.9\text{ cm/s}^2$

第十章答案

一、判断题

1. ×； 2. √； 3. ×； 4. √； 5. ×； 6. √； 7. √； 8. ×

二、选择题

1. C； 2. A； 3. A,B； 4. C,D； 5. B,D

三、计算题

1. 答：$v_C=5\sqrt{2}$ cm/s，$\omega_{DC}==1/4$ rad/s(顺时针)

2. 答：$\omega_{AB}=3$ rad/s(逆时针)，$\omega_{CB}=5.2$ rad/s(逆时针)

3. 答：$\omega=3$ rad/s(顺时针)，$v_O=3.5$ m/s

4. 答：$\omega_{O_1A}=0.2$ rad/s(逆时针)

5. 答：$\omega_B=\dfrac{2\sqrt{3}}{3}\pi$ rad/s(逆时针)，$\omega_{AB}=\dfrac{1}{3}\pi$ rad/s(顺时针)

6. 答：$\omega_{AB}=2$ rad/s，$\alpha_{AB}=16$ rad/s^2，$a_B=5.56$ m/s^2

7. 答：$a_1=2$ m/s^2，$a_2=3.16$ m/s^2，$a_3=6.32$ m/s^2，$a_4=5.83$ m/s^2

8. 答：$v_B=2b\omega_0$，$a_B=\sqrt{7}\,b\omega_0^2$

9. 答：$v_C=3r\omega_0/2$，向下，$a_C=\sqrt{3}\,r\omega_0^2/12$，向上

10. 答：$v_C=\sqrt{3}\,R\omega_0$，$\omega_{O_1B}=R\omega_0/r$

11. 答：$\omega_{O_1D}=7.5$ rad/s，$a_B=208$ cm/s^2

12. 答：$a_C=\dfrac{v^2R}{(R-r)^2}$，$a_B=\dfrac{R}{(R-r)^2}\sqrt{4a^2(R-r)^2+v^4}$

13. 答：$\omega=\sqrt{2}$ rad/s，$\alpha=1$ rad/s^2，$a_C=6$ cm/s^2，方向沿$\overrightarrow{CD}$

第十一章答案

一、填空题

1. $-\dfrac{m}{b}\left[\dfrac{v_0}{1+\dfrac{v_0}{b}t}\right]^2$； 2. 右

二、判断题

1. ×； 2. √； 3. ×； 4. ×

三、计算题

1. $F_1=5.9$ kN，$F_2=4.7$ kN，$F_3=3.5$ kN

2. $F=5.98$ kN

3. $F_1=1.68$ kN，$F_2=1.96$ kN

4. $F_{max}=127.8$ kN，$F_{min}=88$ kN

5. $t=2.02$ s，$s=692$ cm

6. $T=G\left(3\dfrac{a}{g}\cos\theta+3\sin\theta-2\dfrac{a}{g}\right)$

7. $a_r=g(\sin\alpha-f\cos\alpha)-a(\cos\alpha+f\sin\alpha)$，$N=P\left(\cos\alpha+\dfrac{a}{g}\sin\alpha\right)$

第十二章答案

一、填空题

1. $\frac{4}{9}mr^2\omega^2$

2. $\frac{3}{4}m(R_1+R_2)^2\omega^2$

3. (1) $\frac{3}{4}mr^2\omega^2$； (2) $\frac{1}{2}mv_O^2$； (3) $\frac{3}{4}mv_O^2$

二、判断题

1. √； 2. ×； 3. ×； 4. ×

三、选择题

1. B，E； 2. D； 3. D

四、计算题

1. $W=109.7\ \mathrm{J}$

2. $W=6.29\ \mathrm{J}$

3. $T=\frac{1}{2}(3m_1+2m)v^2$

4. $T=\frac{1}{6}ml^2\omega^2\sin^2\theta$

5. $v=8.1\ \mathrm{m/s}$

6. $n=412\ \mathrm{r/min}$

7. $v_A=\sqrt{\frac{3}{m}[M\theta-mgl(1-\cos\theta)]}$

8. $v=\sqrt{\frac{3m_1gh}{m_1+2m_2}}$，$a=\frac{m_1}{m_1+2m_2}g$

9. $a_A=\frac{3m_1}{4m_1+9m_2}g$

10. $3m(R-r)^2\ddot{\varphi}+2[mg(R-r)+k]\varphi=0$， $T=2\pi(R-r)\sqrt{\frac{3}{2[g(R-r)+k/m]}}$

第十三章答案

一、填空题

1. 内，外； 2. 0； 3. $-\left(\frac{1}{2}m_1+m_2+m_3\right)r\omega\boldsymbol{i}$

二、判断题

1. √； 2. √； 3. √； 4. √； 5. √

三、选择题

1. B； 2. C； 3. D

四、计算题

1. $F_{S平均}=12.6\ \mathrm{kN}$，$F_{T平均}=9.33\ \mathrm{kN}$

2. $N_{Ox}=\frac{P}{g}(l\omega^2\cos\varphi+l\alpha\sin\varphi)$,

$N_{Oy}=P+\frac{P}{g}(l\omega^2\sin\varphi-l\alpha\cos\varphi)$

3. $N_O=(m_A+m_B+m_D+m_E)g+\frac{1}{2}(m_A-2m_B+m_D)a$

4. 向右移 3.77 m

5. $F'_x=-7\ 810\ \text{N}$;$F'_t=-3\ 250\ \text{N}$

6. (1)$F_{x\max}=\frac{P_2}{g}e\omega^2$； (2)$\omega_{\min}=\sqrt{\frac{P_1+P_2}{eP_2}g}$

第十四章答案

一、填空题

1. (1)0,mvr； (2) $\frac{1}{2}mvr$,$\frac{3}{2}mvr$

2. O 点为固定点或质点系的质心

3. $\frac{1}{2}m[2R_1^2+3R_2^2+5R_1R_2]\omega$

二、判断题

1. × 2. √； 3. ×； 4. √； 5. √； 6. ×； 7. √； 8. ×； 9. ×； 10. ×； 11. ×

三、选择题

1. B； 2. C； 3. C； 4. B； 5. A,C； 6. A； 7. B

四、计算题

1. $J_{z2}=\frac{7}{48}ml^2$

2. $J_z=0.304\ \text{kg}\cdot\text{m}^2$

3. $J_z=\frac{1}{3}m_1l^2+\frac{1}{2}m_2(3r^2+4rl+2l^2)$

4. (1)$L_O=\left(\frac{1}{2}R^2+l^2\right)mv$； (2)$L_O=m(R^2+l^2)\omega$； (3)$L_O=ml^2\omega$

5. $a=\frac{2(m_1-m_2)}{M+2(m_1+m_2)}g$

6. $\omega=\frac{2m_2art}{m_1R^2+2m_2r^2}$, $a=\frac{2m_2ar}{m_1R^2+2m_2r^2}$

7. $f\geqslant\frac{1}{3}\tan\theta$ 时,$a_C=\frac{2}{3}g\sin\theta$;$f_s<\frac{1}{3}\tan\theta$ 时,$a_C=g(\sin\theta-f_s\cos\theta)$

8. $F_T=\frac{mg\sin\theta}{1+3\sin^2\theta}$

9. $v_C=\frac{2v_0+r\omega_0}{3}$

10. $a_C=\frac{2}{3}(\sin\theta-2f\cos\theta)g$

11. $a=\dfrac{m\sin\varphi-M}{2m+M}g$，　$F_{T}=\dfrac{3Mm+(2Mm+m^{2})\sin\varphi}{2(2m+M)}g$

12. $\ddot{\varphi}_{1}=\dfrac{2m_{2}}{3m_{1}+2m_{2}}\cdot\dfrac{g}{R_{1}},\ddot{\varphi}_{2}=\dfrac{2m_{1}}{3m_{1}+2m_{2}}\cdot\dfrac{g}{R_{2}}$

$a_{C}=\dfrac{2(m_{1}+m_{2})}{3m_{1}+2m_{2}},F_{T}=\dfrac{m_{1}m_{2}}{3m_{1}+2m_{2}}g$

13. $F_{N}=\dfrac{7}{3}mg\cos\theta,F=\dfrac{1}{3}mg\sin\theta$

14. $F_{N}=\dfrac{28}{23}mg$

第十五章答案

一、填空题

1. (1)A,B 两球速度互换；(2)A,E 两球速度互换，B,C,D 不动

2. $e=\sqrt{3}/3$

3. $h=\infty$

二、判断题

1. √；　2. ×；　3. ×

三、选择题

1. B；　2. B；　3. C

四、计算题

1. $v=\dfrac{m_{A}}{m_{A}+m_{B}}\sqrt{2gh}$

$\delta_{max}=\dfrac{(m_{A}+m_{B})g}{k}+\sqrt{\left(\dfrac{m_{A}g}{k}\right)^{2}+\dfrac{2m_{A}^{2}gh}{k(m_{A}+m_{B})}}$

2. (1)$s=6.4$ m；(2)$\theta=0$

3. $v_{C}=\dfrac{1+e}{4}\sqrt{3gl}$

4. $\omega=\dfrac{18v_{0}}{7l}$(逆时针)，$v_{C}=\dfrac{1}{7}v_{0}$

5. $v_{A}=\dfrac{2I}{qm_{2}}$，方向向左

第十六章答案

一、填空题

1. $a=g\cos\theta$

2. $F_{Ic}=2m\omega v_{r},F_{Ie}^{n}=2mR\omega^{2}\cos(\theta/2),F_{Ie}^{\tau}=2mR\alpha\cos(\theta/2)$

3. ma，$Ra/2$

二、判断题

1. ×；　2. √；　3. √；　4. √；　5 ×

三、选择题

1. C； 2. D； 3. D

四、计算题

1. $\omega=\sqrt{\dfrac{b^2\cos\varphi-a^2\sin\varphi}{(b^3-a^3)\sin2\varphi\times3g}}$

2. (1)$a_C=2.8\ \text{m/s}^2$；(2)$F_T=42$ N；(3)$F=14$ N

第十七章答案

一、填空题

1. (1)2；(2)2；(3)3；(4)4

2. $\delta r_C=(1+\sqrt{3})\delta r_A$

3. 10 kN

二、判断题

1. √； 2. ×； 3. ×； 4. √； 5. √

三、选择题

1. A,C,D； B,E； A,B,C,D； E； A,B,C,E； D； C

2. B;D

3. D

四、计算题

1. $\varphi=\arccos\left(\dfrac{P}{2lk}-\dfrac{\sqrt{2}}{2}\right)$

2. $M=2RF,F_s=F$

3. $M=\dfrac{5RP}{12\cos\theta}$

4. 191.34 N

第十八章答案

一、填空题

1. 3；x,φ_1,φ_2

2. $-ky,-mgb\sin\theta$

3. 循环坐标

二、判断题

1. √； 2. √； 3. ×； 4. ×； 5. √

三、选择题

1. B； 2. C； 3. A

四、计算题

1. $\alpha_A=\dfrac{2m_2g}{R_1(2m_2+3m_1)},\alpha_B=\dfrac{2m_1g}{R_2(2m_2+2m_1)}$

2. (1)$(M+m)\ddot{x}-Mr\ddot{\varphi}=F$， $-Mr\ddot{x}+\dfrac{3}{2}Mr^2\ddot{\varphi}=0$

(2)$a=\ddot{x}=\dfrac{3F}{3m+M}$，　$\alpha=\ddot{\varphi}=\dfrac{2F}{(3m+M)r}$

3.(1)$2m_1r^2\ddot{\theta}_1+m_1r^2\ddot{\theta}_2-m_1gr=0$，　$m_1r^2\ddot{\theta}_1+\left(m_1+\dfrac{3m_2}{2}\right)r^2\ddot{\theta}_2-m_1gr=0$

(2)$\alpha_1=\ddot{\theta}_1=\dfrac{3m_2g}{2(m_1+3m_2)r}$，　$\alpha_2=\ddot{\theta}_2=\dfrac{m_1g}{(m_1+3m_2)r}$

第十九章答案

一、填空题

1.固有频率;2π;系统本身的基本参数;$\sqrt{x_0^2+\left(\dfrac{\dot{x}_0}{\omega_n}\right)^2}$,$\arctan\dfrac{x_0\omega_n}{\dot{x}_0}$

2.静变形;k_1+k_2;受力;$\dfrac{k_1k_2}{k_1+k_2}$

3.$\zeta<1$;$Ae^{-\zeta\omega_n t}$;$\omega_n\sqrt{1-\zeta^2}$;减小;增大;衰减;大

4.急剧增大;共振;共振

二、判断题

1.√；　2.√；　3.√

三、计算题

1.$x=\dfrac{m_1g}{k}\cos\left(\sqrt{\dfrac{k}{m}}t\right)$

2.$x=-20\cos7t$,$A=20\ \text{cm}$,$T=\dfrac{2\pi}{\omega_n}=\dfrac{2\pi}{7}\ \text{s}$,$F_{max}=19.6\ \text{N}$

3.$\ddot{\varphi}+\dfrac{c}{m}\dot{\varphi}+\dfrac{4k}{m}\varphi=0$;$\omega_d=\omega_n\sqrt{1-\zeta^2}=\dfrac{1}{2m}\sqrt{16mk-c^2}$,$c_c=4\sqrt{mk}$

理论力学中少学时模拟试题答案

一、填空题

1.0,$\dfrac{\sqrt{3}}{2}\omega_0^2$

2.$\dfrac{pac}{\sqrt{a^2+b^2+c^2}}$

3.$25\sqrt{2}\ \text{kN}$

4.$\left(10m_1+\dfrac{4}{3}m_2\right)r^2\omega$

5.ma_C,$\dfrac{3}{2}mra_C$

二、计算题

解　(1) 取 CD 杆为研究对象,受力如图 F-1 所示,则有

$$\sum M_C(\boldsymbol{F})=0,\quad -Q\times2+F_{Dx}\times3=0 \tag{1}$$

$$F_{Dx}=\frac{2}{3}Q=4\ \text{kN}$$

$$\sum F_y=0,\quad F_{Dy}-F_{Cy}=0 \tag{2}$$

(2) 取 BC 杆为研究对象,受力如图 F-2 所示,则有

$$\sum m_B(\boldsymbol{F})=0,\quad F'_{Cy}\times 5-M=0 \tag{3}$$

解得 $F'_{Cy}=2$,代入(2)式得,$F_{Dy}=2\ \text{kN}$。

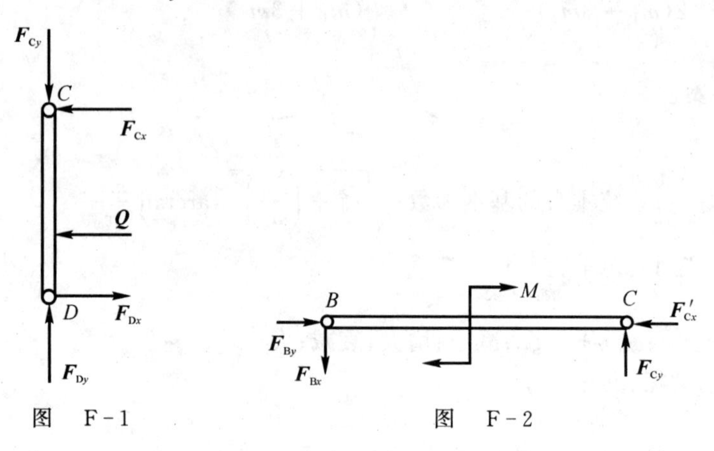

图 F-1　　　　图 F-2

3. 取整体为研究对象,受力如图 F-3 所示,则有

$$\sum F_x=0,\quad p\cos 30^\circ+F_{Dx}-F_{Ax}-Q=0 \tag{4}$$

解得

$$F_{Ax}=10\sqrt{3}-2=15.3\ \text{kN}$$

$$\sum F_y=0,\quad F_{Ay}-p\sin 30^\circ+F_{Dy}=0 \tag{5}$$

解得

$$F_{Ay}=8\ \text{kN}$$

$$\sum M_D(\boldsymbol{F})=0,\quad -F_{Ay}\times 5+L_A-M+Q\times 1+p\sin 30^\circ\times 5-p\cos 30^\circ\times \frac{3}{2}=0 \tag{6}$$

解得

$$L_A=15\sqrt{3}-6=19.98\ \text{kN}\cdot\text{m}$$

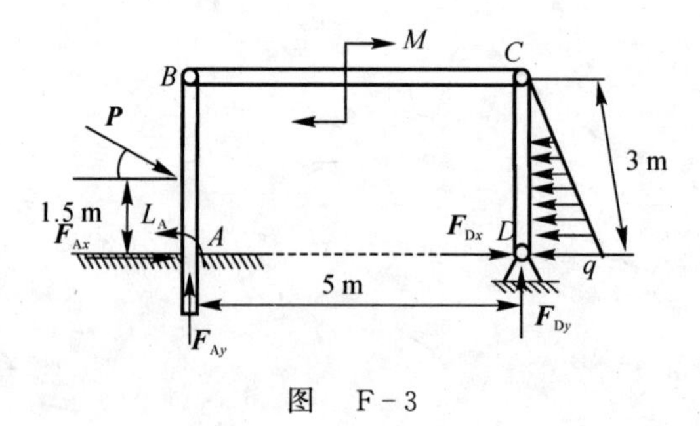

图 F-3

三、计算题

解　(1) 速度分析。

分析杆 AB,速度瞬心为 P(见图 F-4),则有

$$\omega_{AB}=\frac{v_A}{AP}=1.5\ \text{r/s(顺时针)},\qquad v_B=v_A=45\ \text{cm/s}$$

以 B 为动点,套筒 C 为动系,则有

$$\boldsymbol{v}_{\mathrm{a}}=\boldsymbol{v}_{\mathrm{B}}=\boldsymbol{v}_{\mathrm{e}}+\boldsymbol{v}_{\mathrm{r}}, \quad v_{\mathrm{e}}=v_{\mathrm{B}}\sin 30^{\circ}=22.5\ \mathrm{cm/s}, \quad v_{\mathrm{r}}=v_{\mathrm{B}}\cos 30^{\circ}=22.5\sqrt{3}\ \mathrm{cm/s}$$

$$\omega_{\mathrm{BD}}=\frac{v_{\mathrm{e}}}{BC}=\frac{\sqrt{3}}{4}\ \mathrm{r/s}$$

(2) 加速度分析。

分析杆 AB，以 A 为基点，则 $\boldsymbol{a}_{\mathrm{B}}=\boldsymbol{a}_{\mathrm{A}}+\boldsymbol{a}_{\mathrm{BA}}^{\mathrm{n}}+\boldsymbol{a}_{\mathrm{BA}}^{\mathrm{t}}$（见图 F-4(c)）

式中
$$a_{\mathrm{BA}}^{\mathrm{n}}=30\sqrt{2}\cdot\omega_{\mathrm{AB}}^{2}=30\sqrt{2}\cdot\frac{9}{4}=\frac{270}{4}\sqrt{2}$$

$$a_{\mathrm{B}}\cos 45^{\circ}=a_{\mathrm{BA}}^{\mathrm{n}}a_{\mathrm{B}}=\frac{270}{2}=135\ \mathrm{cm/s^{2}}$$

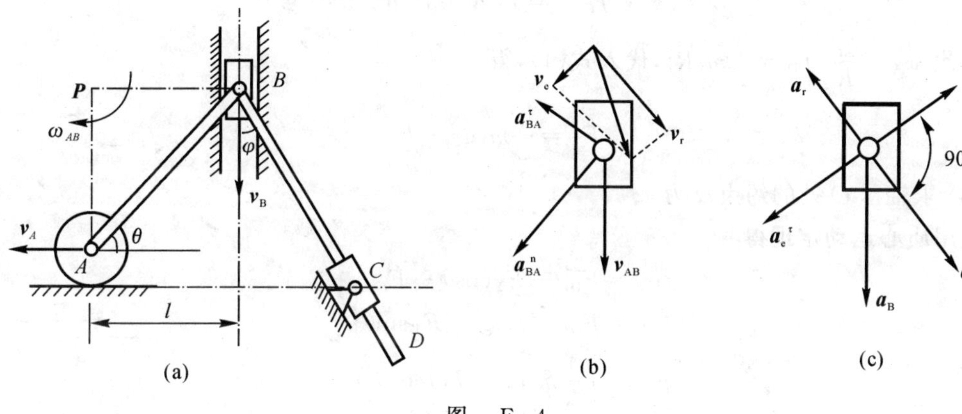

图　F-4

(3) 以 B 为动点，套筒为动系，则有

$$\boldsymbol{a}_{\mathrm{a}}=\boldsymbol{a}_{\mathrm{B}}=\boldsymbol{a}_{\mathrm{e}}^{\mathrm{n}}+\boldsymbol{a}_{\mathrm{e}}^{\mathrm{t}}+\boldsymbol{a}_{\mathrm{r}}+\boldsymbol{a}_{\mathrm{C}}$$

$$a_{\mathrm{C}}=2\omega_{\mathrm{BD}}\cdot v_{\mathrm{r}}=\frac{135}{4}$$

$$a_{\mathrm{B}}\cos 60^{\circ}=a_{\mathrm{e}}^{\mathrm{t}}-a_{\mathrm{c}}, \quad a_{\mathrm{e}}^{\mathrm{t}}=\frac{a_{\mathrm{B}}}{2}+a_{\mathrm{c}}=\frac{135}{2}+\frac{135}{4}=\frac{405}{4}$$

$$\alpha_{\mathrm{BD}}=\frac{a_{\mathrm{e}}^{\tau}}{BC}=\frac{405}{4}\times\frac{\sqrt{3}}{90}=\frac{9}{8}\sqrt{3}\ \mathrm{r/s^{2}}(\uparrow)$$

四、计算题

解　(1) 求轮心 C 的加速度。

取定滑轮 A，滚子 B，绳和弹簧所组成的系统为研究对象（见图 F-5），由积分形式的动能定理可知

$$T_{2}-T_{1}=\sum W \tag{1}$$

系统由静止开始运动，故初动能 $T_{1}=0$，当滚子 B 沿斜面下移距离 s 时，系统的动能 T_{2} 为

$$T_{2}=\frac{1}{2}m_{2}v_{\mathrm{C}}^{2}+\frac{1}{2}\left(\frac{1}{2}m_{2}r^{2}\right)\left(\frac{v_{\mathrm{C}}}{r}\right)^{2}+\frac{1}{2}\left(\frac{1}{2}m_{1}R^{2}\right)\left(\frac{v_{\mathrm{C}}}{R}\right)^{2}=\frac{1}{4}(m_{1}+3m_{2})v_{\mathrm{C}}^{2} \tag{2}$$

$$\sum W=m_{2}gs\sin\theta+\frac{k}{2}(0-s^{2}) \tag{3}$$

代入式(1) 得

$$\frac{1}{4}(m_1+3m_2)v_C^2=m_2gs\sin\theta-\frac{k}{2}s^2$$

方程两边对时间求导，得

$$\frac{1}{2}(m_1+3m_2)v_Ca_C=(m_2g\sin\theta-ks)v_C$$

所以
$$a_C=\frac{2(m_2g\sin\theta-ks)}{m_1+3m_2}$$

(2) 求绳子拉力 $\boldsymbol{F}_T$（见图 F-6）。

取轮 A 为研究对象，应用动量矩定理有

$$J_O\alpha_A=F_TR-F_KR \tag{4}$$

因此，$\alpha_A=\dfrac{a_C}{R}$，$J_O=\dfrac{1}{2}m_1R^2$，代入式(4)，得

$$F_T=\frac{1}{2}m_1a_C+ks$$

(3) 求轴承 O 处的约束反力。

应用质心运动定理得

$$\left.\begin{aligned}0&=F_{Ox}-F_T\cos\theta-F_K\\0&=F_{Oy}-m_1g-F_T\sin\theta\end{aligned}\right\} \tag{5}$$

解得
$$F_{Ox}=(\frac{1}{2}m_1a_C+ks)\cos\theta+ks$$

$$F_{Oy}=m_1\left(\frac{1}{2}a_C\sin\theta+g\right)+ks\sin\theta$$

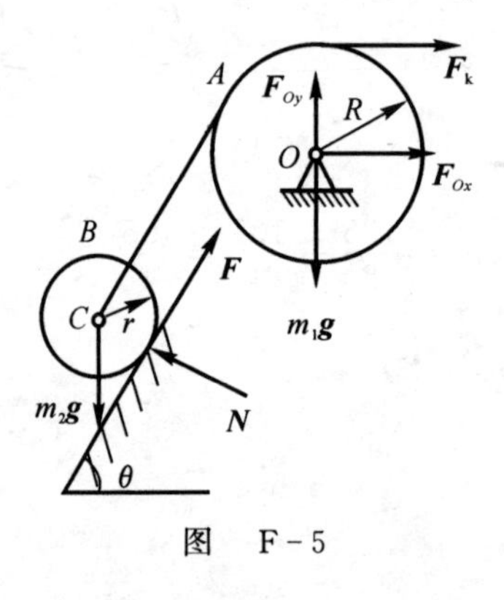

图　F-5

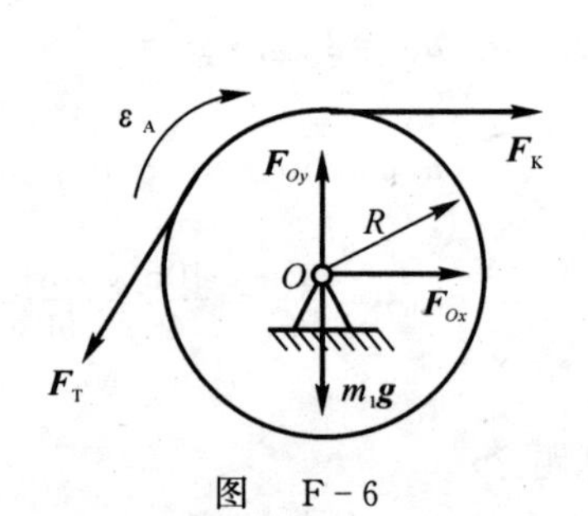

图　F-6

理论力学多学时模拟试题答案(上)

一、填空题

1. O；$P/4+3qa/2$

2. $-\dfrac{Pab}{\sqrt{a^2+b^2+c^2}}$，$\dfrac{Pb\sqrt{a^2+c^2}}{\sqrt{a^2+b^2+c^2}}$，$-\dfrac{Pc}{\sqrt{a^2+b^2+c^2}}$

3. 0.446

4. 0

5. 0.25 m/s^2，1.15 m/s^2

二、计算题

解：先取整体为研究对象，受力分析如图 F－7 所示。由平面任意力系的平衡方程，有

$$\sum F_x=0,\quad N_{Ax}+N_{Bx}=0 \tag{1}$$

$$\sum F_y=0,\quad N_{Ay}+N_{By}-Q=0 \tag{2}$$

$$\sum M_A=0,\quad N_{Bx}\cdot\overline{AB}-Q\cdot(\overline{AD}+r)=0 \tag{3}$$

再取曲杆 BCE 为研究对象，受力分析如图 F－8 所示。由平面任意力系的平衡方程，有

$$\sum M_C=0,\quad N_{Bx}\cdot\overline{BH}-N_{By}\cdot\overline{HC}-T\cdot r=0 \tag{4}$$

联立以上 4 式，并考虑到 $T=Q$，即可解得

$$N_{Ax}=-230\ \text{kN},\quad N_{Ay}=-100\ \text{kN}$$
$$N_{Bx}=230\ \text{kN},\quad N_{By}=200\ \text{kN}$$

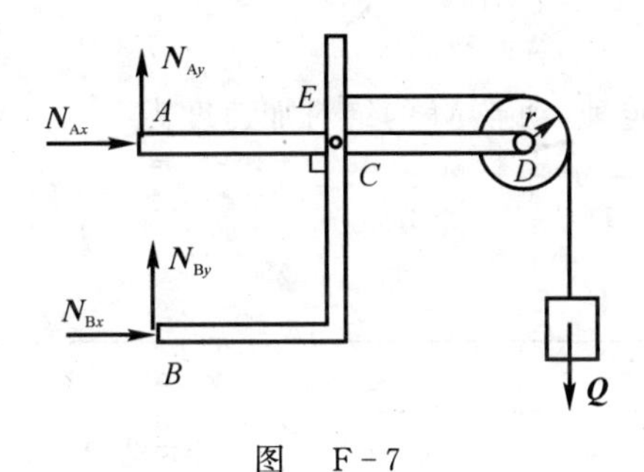

图 F－7

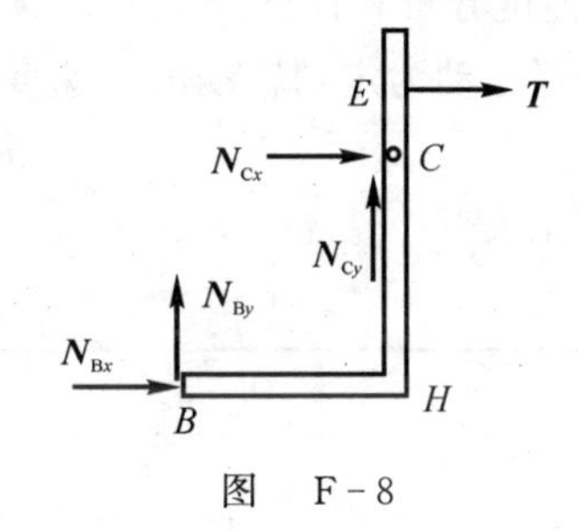

图 F－8

三、计算题

解：(1) 运动分析（见图 F－9）。

取小圆圈 M 为动点，动系 $x'Oy'$ 与直角刚杆 ABC 固连，定系与固定机架相连见图 F－9，则有：

绝对运动：动点 M 沿大圆环的圆周运动；

相对运动：动点 M 沿杆 BC 的直线运动；

牵连运动：杆 ABC 绕 Az' 轴的定轴转动。

(2) 速度分析和计算。

根据速度合成定理，动点 M 的绝对速度为

$$\boldsymbol{v}_a=\boldsymbol{v}_e+\boldsymbol{v}_r$$

式中各参数见表 F－1。

表 F－1

速度	$\boldsymbol{v}_a$	$\boldsymbol{v}_e$	$\boldsymbol{v}_r$
大小	未知	$AM*\omega$	未知
方向	与 BC 垂直	与 AM 垂直	沿 BC

如图 F－9(b) 所示，解得

$$v_a=v_e\cos 45°=80\sqrt{2}\ \text{cm/s},\quad v_r=v_e\sin 45°=80\sqrt{2}\ \text{cm/s}$$

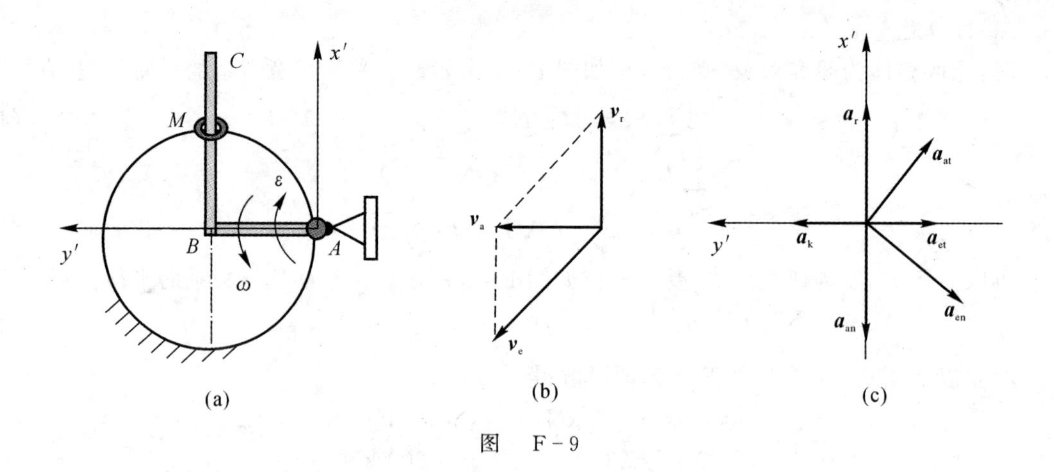

图 F-9

(3) 加速度分析和计算。

根据牵连运动为定轴转动的加速度合成定理,动点 M 的绝对加速度为

$$\boldsymbol{a}_a^t + \boldsymbol{a}_a^n = \boldsymbol{a}_e^t + \boldsymbol{a}_e^n + \boldsymbol{a}_r + \boldsymbol{a}_c$$

式中各参数见表 F-2。

表 F-2

加速度	$\boldsymbol{a}_a^t$	$\boldsymbol{a}_a^n$	$\boldsymbol{a}_e^t$	$\boldsymbol{a}_e^n$	$\boldsymbol{a}_r$	$\boldsymbol{a}_c$
大小	未知	v_a^2/R	$AM \cdot \alpha$	$AM \cdot \omega^2$	未知	$2\omega v_r$
方向	与 BC 垂直	CB 方向	与 AM 垂直	MA 方向	沿 BC 方向	水平向左

如图 F-9(c) 所示,将上式各加速度向 y' 投影,有

$$a_c - (a_e^n + a_e^t)\cos 45° = -a_a^t$$

式中, $a_c = 2\omega v_r = 320\sqrt{2}\ \text{cm/s}^2$, $a_e^t = \sqrt{2}R\alpha = 160\ \text{cm/s}^2$, $a_e^t = \sqrt{2}R\omega^2 = 320\ \text{cm/s}^2$。

因此 $a_a^t = -80\sqrt{2}\ \text{cm/s}^2$,且有 $a_a^n = \dfrac{v_a^2}{R} = 160\sqrt{2}\ \text{cm/s}^2$。

小环 M 的加速度大小为

$$a_a = \sqrt{(a_a^t)^2 + (a_a^n)^2} = 80\sqrt{10}\ \text{cm/s}^2$$

四、计算题

解 取固连在 OC 杆上坐标系为动系,套筒 B 为动点,$\boldsymbol{v}$ 为绝对速度,绝对加速度为零(见图 F-10)。

(1) 分析杆 OC 的角速度和角加速度。

由速度合成定理:

$$\boldsymbol{v} = \boldsymbol{v}_r + \boldsymbol{v}_e$$

则

$$v_e = v \cdot \sin\gamma = \omega_{OC} \cdot OB = \omega_{OC} \cdot b/\sin\gamma$$

$$v_r = v \cdot \cos\gamma = \frac{v}{2}$$

$$\omega_{OC} = v \cdot \sin^2\gamma/b = \frac{3v}{4b}$$

方向为顺时针方向。

加速度合成定理为

$$\boldsymbol{a}=\boldsymbol{a}_r+\boldsymbol{a}_e+\boldsymbol{a}_C$$

其中牵连加速度由两部分组成，各加速度如图 F－11 所示。根据 OC 杆的角速度可以判断 $\boldsymbol{a}_C$ 和 $\boldsymbol{a}_e^n$ 的方向，另外可以判断出 $\boldsymbol{a}_r$ 在 x' 方向上，$\boldsymbol{a}_e^t$ 在 y' 方向上，假设其正方向如图 F－11 所示。由于滑块的加速度为零，所以有

$$a_e^t=a_C$$

即

$$\alpha_{OC}\cdot OB=2\omega_{OC}\cdot v_r$$

$$\alpha_{OC}=2\omega_{OC}\cdot v_r/OB=2\times\frac{3v}{4b}\times\frac{v}{2}\times\frac{\sqrt{3}}{2b}=\frac{3\sqrt{3}\,v^2}{8b^2}$$

方向为逆时针方向。

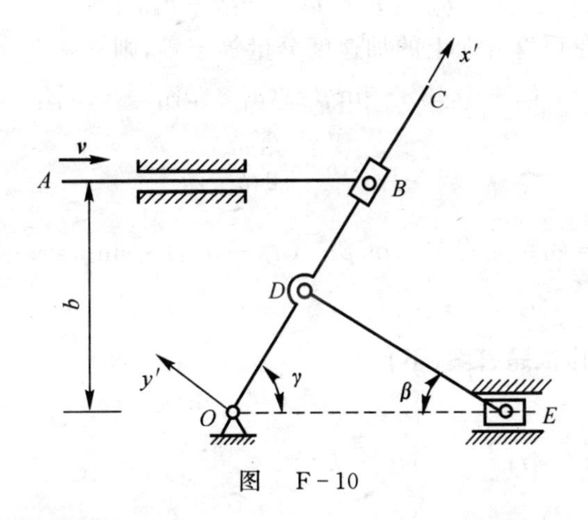

图 F－10

(2) 分析滑块 E 的速度和加速度。

根据 OC 杆的角速度和角加速度 D 点的速度 $\boldsymbol{v}_D$ 的大小和方向，方向如图 F－12 所示，则有

$$v_D=\omega_{OC}\cdot OD=\omega_{OC}\cdot\frac{b}{2\sin\gamma}=\frac{3v}{4b}\cdot\frac{b\times 2}{2\times\sqrt{3}}=\frac{\sqrt{3}\,v}{4}$$

图中，$\boldsymbol{v}_E$ 为滑块 E 的绝对速度，$\boldsymbol{v}_{ED}$ 为 E 相对于 D 的相对速度，由速度合成定理：

$$\boldsymbol{v}_E=\boldsymbol{v}_D+\boldsymbol{v}_{ED}$$

得

$$v_E=v_D/\cos\beta=\frac{\sqrt{3}\,v}{4}\times\frac{2}{\sqrt{3}}=\frac{v}{2},\quad v_{ED}=v_E\cdot\sin\beta=\frac{v}{2}\times\frac{1}{2}=\frac{v}{4}$$

可以得到 D 点的法向加速度 $\boldsymbol{a}_D^n$ 和切向加速度 $\boldsymbol{a}_D^t$ 的方向和大小以及 E 相对于 D 的法向相对加速度 $\boldsymbol{a}_{ED}^n$ 的方向和大小，各加速度的方向如图 F－12 所示。

$$a_D^n=\omega_{OC}^2\cdot OD=\omega_{OC}^2\cdot\frac{b}{2\sin\gamma}=\frac{9v^2}{16b^2}\times\frac{b}{\sqrt{3}}=\frac{3\sqrt{3}\,v^2}{16b}$$

$$a_D^t=\alpha_{OC}\cdot OD=\alpha_{OC}\cdot\frac{b}{2\sin\gamma}=\frac{3\sqrt{3}\,v^2}{8b^2}\times\frac{b}{\sqrt{3}}=\frac{3v^2}{8b}$$

$$a_{ED}^n=\mathrm{v}_{ED}^2/\mathrm{DE}=\mathrm{v}_{ED}^2/\frac{\mathrm{b}}{2\sin\beta}=\frac{\mathrm{v}^2}{16}\times\frac{1}{\mathrm{b}}=\frac{\mathrm{v}^2}{16\mathrm{b}}$$

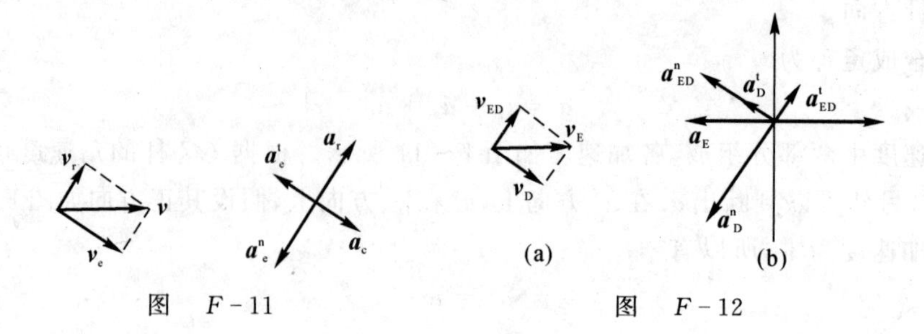

图　F-11　　　　　　　　　　　　图　F-12

假设E相对于D的法向相对加速度a_{ED}^t的方向以及E的绝对加速度$\boldsymbol{a}_E$方向如图F-11所示。由加速度合成定理：

$$\boldsymbol{a}_E=\boldsymbol{a}_D^n+\boldsymbol{a}_D^t+\boldsymbol{a}_{ED}^n+\boldsymbol{a}_{ED}^t$$

由于E水平运动，所以在垂直方向上的加速度分量等于零，则

$$(a_{ED}^n+a_D^t)\cdot\sin\beta=(a_D^n-a_{ED}^t)\cdot\cos\beta$$

解得

$$a_{ED}^t=\frac{\sqrt{3}v^2}{24b}$$

所以

$$a_E=(a_{ED}^n+a_D^t)\cdot\cos\beta+(a_D^n-a_{ED}^t)\cdot\sin\beta=\frac{7\sqrt{3}v^2}{24b}$$

理论力学多学时模拟试题答案(下)

一、填空题

1. $m\ddot{x}=-mg-k\dot{x}$，　$m\ddot{x}=-mg-k\dot{x}$

2. $mr^2\omega$

3. $T=\frac{1}{2}mv_C^2+\frac{1}{2}J_C\omega^2, v_C=v_A+0.5l\omega$

4. m，方向：与各加速度方向相反

二、计算题

解　(1) 求轮轴的角加速度。

以整个系统为研究对象，应用微分形式的动能定理：

$$dT=\sum d'W \tag{1}$$

为求系统动能与元功，对系统运动分析及受力分析如图F-13所示。系统动能O为

$$T=\frac{1}{2}\frac{P_1}{g}v_1^2+\frac{1}{2}\frac{P_2}{g}v_2^2+\frac{1}{2}Jw^2$$

由于$v_1=\omega R, v_2=\omega r$，所以

$$T=\frac{1}{2g}\omega^2(P_1R^2+P_2r^2+gJ)$$

外力元功为

$$\sum d'W=M\cdot d\varphi-P_1\cdot Rd\varphi+P_2\cdot rd\varphi=(M-P_1R+P_2r)d\varphi$$

将系统动能及外力元功表达式带入式(1)，两端对时间求导，注意到$\frac{d\varphi}{dt}=\omega, \frac{d\omega}{dt}=\alpha$，求得轮

轴的角加速度为

$$\alpha = \frac{(P_2 r - P_1 R + M) g}{Jg + P_1 R^2 + P_2 r^2}$$

(2) 求轴 O 的反力。

以整个系统为研究对象,应用质心运动定理:

$$\left.\begin{aligned} Ma_x &= \sum F_x \\ Ma_y &= \sum F_y \end{aligned}\right\} \qquad (2)$$

得到求解方程为

$$\left.\begin{aligned} &F_{Ox} = 0 \\ &\left(\frac{P_1}{g}\cdot \alpha R - \frac{P_2}{g}\cdot \alpha r\right) = F_{Oy} - P_1 - P_2 - P_3 \end{aligned}\right\} \qquad (3)$$

图 F-13

将轮轴的角加速度表达式带入式(3),求得轴 O 的反力为

$$F_{Ox} = 0, \quad F_{Oy} = (P_1 + P_2 + P_3) + \frac{(P_1 R - P_2 r)(P_2 r - P_1 R + M) g}{Jg + P_1 R^2 + P_2 r^2}$$

三、计算题

解 (1) 以整体为研究对象(见图 F-14),将 AB 杆的惯性力系向其质心简化,惯性力系主矢为

$$F_g^t = ma_c^t = m\sqrt{R^2 + L^2 \alpha}, \quad F_g^n = 0$$

惯性力系主矩为

$$M_C = J_C \alpha = \frac{1}{12} m (2L)^2 \alpha = \frac{1}{3} m L^2 \alpha$$

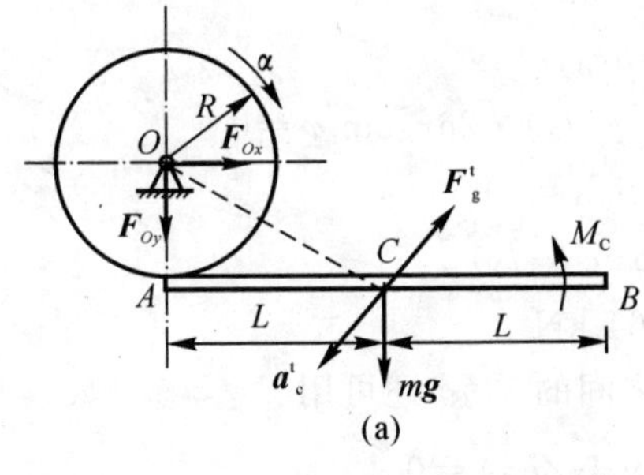

(a)

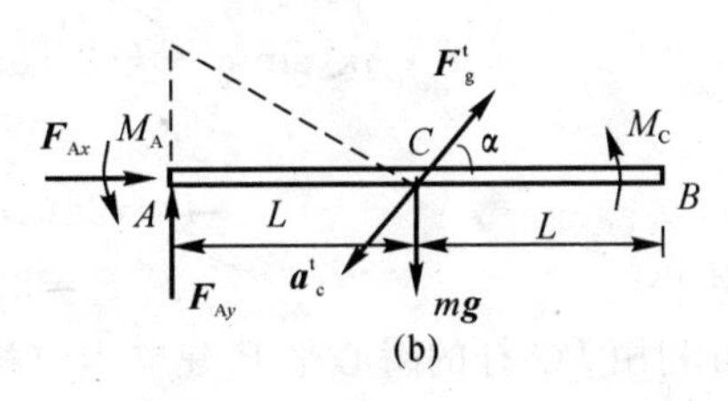

(b)

图 F-14

其受力如图 F-14(a) 所示

$$\sum M_O(\bar{F}) = 0, \quad M_C + F_g^t \times \sqrt{R^2 + L^2} - mgL = 0$$

即

$$\frac{1}{3} m L^2 \alpha + m(R^2 + L^2)\alpha - mgL = 0$$

所以

$$\alpha = \frac{3gL}{4L^2 + 3R^2}$$

(2) 以杆 AB 为研究对象,其受力图如图 F-14(b) 所示。则有

$$\sum M_A(\bar{\boldsymbol{F}}) = 0$$

$$M_A = mgL - J_C\alpha - m\sqrt{R^2+L^2}\times\frac{3gL}{4L^2+3R^2}\times\frac{L}{\sqrt{R^2+L^2}}\times l = \frac{3LR^2}{4L^2+3R^2}mg$$

代入数据得 $$M_A = 26.46\ \text{N}\cdot\text{m}$$

又 $$\sum F_x = 0,\quad F_{Ax} + F_g^t\cos\theta = 0$$

$$F_{Ax} = -ma_C^t\cos\theta = -m\sqrt{R^2+L^2}\times\frac{3gL}{4R^2+3L^2}\times\frac{R}{\sqrt{R^2+L^2}} = -\frac{3LR}{4L^2+3R^2}mg$$

代入数据得 $$F_{Ax} = -58.8\ \text{N}$$

$$\sum F_y = 0,\quad F_{Ay} + F_g^t\sin\theta - mg = 0$$

$$F_{Ay} = mg - ma_C^t\sin\theta = \frac{L^2+3R^2}{4L^2+3R^2}mg$$

四、计算题

解 取 φ 为广义坐标系，系统有1个自由度，给 OA 以虚位移 $\delta\varphi$。杆 AB 可做平动，杆 BC 可作平面运动。A,B,C 三点得虚位移如图 F-15 所示。弹簧为非理想约束，将其约束解除代以约束反力 F_C, F'_C 并视其为主动力，由虚位移原理：

$$\sum \delta W_P = 0$$

得 $$F\delta r_A\cos(90-\varphi) - F_C\delta r_C = 0$$

弹簧弹性力为 $$F_C = k(2r\cos\varphi - l_0)$$

又由几何关系知：$90° - \varphi = \theta + \varphi$，所以 $\theta = 90° - 2\varphi$，故 B,C 两点虚位移在 B,C 连线上投影为

$$\delta r_C\cos\varphi = \delta r_B\cos(90° - 2\varphi) = \delta r_B\sin 2\varphi = 2\delta r_B\sin\varphi\cos\varphi$$

即 $$\delta r_C = 2\delta r_B\sin\varphi$$

因 $$\delta r_A = \delta r_B$$

故 $$F\cdot\delta r_A\sin\varphi - k(2r\cos\varphi - l_0)\cdot 2\delta r_A\sin\varphi = 0$$

$$\delta r_A \neq 0,\quad \sin \neq 0$$

所以 $$F = 2k(2r\cos\varphi - l_0)$$

代入数据得 $$F = 34.64\ \text{kN}$$

另外可利用 BC 杆的瞬心平 P 建立虚位移之间的关系，还可用

$$\sum(X\delta x + Y\delta y + Z\delta z) = 0$$

求解 $$X_1 = F,\quad X_2 = -F_C$$

$$x_A = r\cos\varphi,\quad \delta x_C = -2r\sin\varphi\delta\varphi$$

于是有 $$F\cdot(-r\sin\varphi\delta\varphi) + (-F_C)(-2r\sin\varphi\delta\varphi) = 0$$

得 $$F = 2k(2r\cos\varphi - l_0)$$

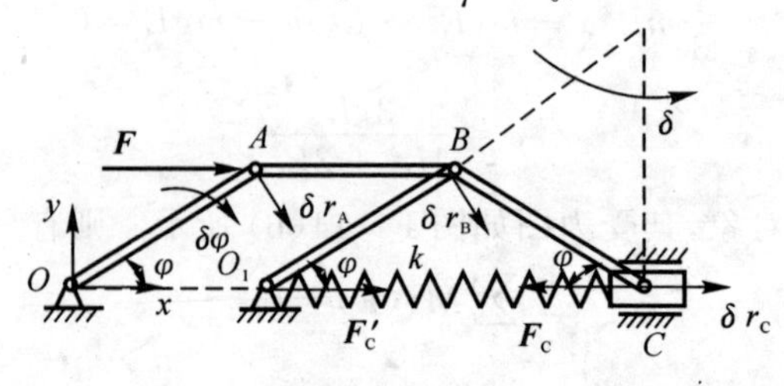

图 F-15

五、计算题

解 系统具有两个自由度。选取 $x_1=DC$ 和 $y=y_E$ 作为系统的广义坐标(见图F-16)。于是系统的动能为

$$T=\frac{1}{2}\frac{P}{g}\dot{x}_1^2+\frac{1}{2}J_C\omega_A^2+\frac{1}{2}\frac{Q}{g}\dot{y}^2+\frac{1}{2}J_E\omega_B^2$$

式中,ω_A 和 ω_B 分别是圆轮 A 和圆柱体 B 的角速度。根据运动学关系可知

$$\dot{y}=-\dot{x}_1+r\omega_B$$

$$\omega_A=\frac{\dot{x}_1}{R}$$

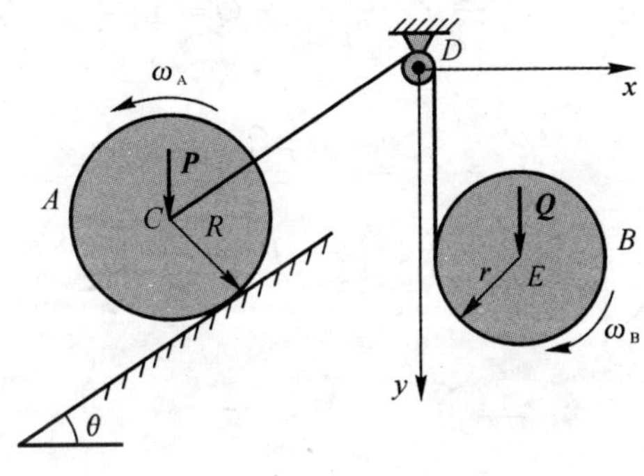

图 F-16

将 ω_A 和 ω_B 代入动能表达式,并考虑到

$$J_C=\frac{1}{2}\frac{P}{g}R^2,\quad J_E=\frac{1}{2}\frac{Q}{g}r^2$$

则有

$$T=\frac{3}{4}\frac{P}{g}\dot{x}_1^2+\frac{1}{2}\frac{Q}{g}\dot{y}^2+\frac{1}{4}\frac{Q}{g}\dot{x}_1^2+\frac{1}{4}\frac{Q}{g}\dot{y}^2+\frac{1}{2}\frac{Q}{g}\dot{x}_1\dot{y}$$

圆轮 A 做纯滚动,摩擦力不做功。系统的主动力只有重力 P 和 Q,因此,系统的势能为

$$V=-Px_1\sin\theta-Qy$$

现在写出系统的拉格朗日函数为

$$L=\frac{1}{4g}(3P+Q)\dot{x}_1^2+\frac{3}{4}\frac{Q}{g}\dot{y}^2+\frac{1}{2}\frac{Q}{g}\dot{x}_1\dot{y}+Px_1\sin\theta+Qy$$

将 L 代入拉氏方程得系统运动微分方程为

$$\frac{\mathrm{d}}{\mathrm{d}t}\left(\frac{\partial L}{\partial\dot{x}_1}\right)-\frac{\partial L}{\partial x_1}=0\quad 和\quad \frac{\mathrm{d}}{\mathrm{d}t}\left(\frac{\partial L}{\partial\dot{y}}\right)-\frac{\partial L}{\partial y}=0$$

解得

$$\left.\begin{aligned}&\frac{\partial L}{\partial x_1}=P\sin\alpha\\&\frac{\partial L}{\partial\dot{x}_1}=\frac{1}{2g}(3P+Q)\dot{x}_1+\frac{1}{2}\frac{Q}{g}\dot{y}\\&\frac{\mathrm{d}}{\mathrm{d}t}\left(\frac{\partial L}{\partial\dot{x}_1}\right)=\frac{1}{2g}(3P+Q)\ddot{x}_1+\frac{1}{2}\frac{Q}{g}\ddot{y}\end{aligned}\right\}$$

$$\left.\begin{aligned}&\frac{\partial L}{\partial y}=Q\\&\frac{\partial L}{\partial \dot{y}}=\frac{3}{2}\frac{Q}{g}\dot{y}+\frac{1}{2}\frac{Q}{g}\dot{x}_1\\&\frac{\mathrm{d}}{\mathrm{d}t}\left(\frac{\partial L}{\partial \dot{y}}\right)=\frac{3}{2}\frac{Q}{g}\ddot{y}+\frac{1}{2}\frac{Q}{g}\ddot{x}_1\end{aligned}\right\}$$

所以系统运动微分方程为

$$\frac{1}{2g}(3P+Q)\ddot{x}_1+\frac{Q}{2g}\ddot{y}-P\sin Q=0$$

$$\frac{Q}{2g}\ddot{y}+\frac{Q}{2g}\ddot{x}_1-Q=0$$

联立求解得

$$a_{\mathrm{C}}=\ddot{x}_1=\frac{2g(P\sin\theta-Q)}{3P}$$

$$a_{\mathrm{E}}=\ddot{y}=2g\left(1-\frac{P\sin\theta-Q}{3P}\right)$$

参考文献

[1] 谢传锋.理论力学自我检测.北京:北京航空航天大学出版社,1986.
[2] 和兴锁.理论力学.西安:西北工业大学出版社,2001.
[3] 支希哲,高行山,朱西平.理论力学.北京:高等教育出版社,2010.
[4] 和兴锁.理论力学.北京:科学出版社,2005.
[5] 蔡泰信,和兴锁,朱西平.理论力学.北京:机械工业出版社,2007.
[6] 范钦珊,刘燕,王琪.理论力学.北京:清华大学出版社,2004.
[7] 王永廉,唐国兴,王晓军.理论力学学习指导与题解.北京:机械工业出版社,2013.
[8] 贾书惠.理论力学教程.北京:清华大学出版社,2004.
[9] 王铎.理论力学解题指导及习题集.北京:高等教育出版社,1999.